参与式农业技术推广
影响评估方法及应用

肖长坤 胡瑞法 夏 冰 著

中国农业出版社
北 京

前　　言

　　十九大报告中明确提出"发展多种形式适度规模经营，培育新型农业经营主体"。中央办公厅和国务院办公厅《关于创新体制机制推进农业绿色发展的意见》提出"培养一批具有绿色发展理念、掌握绿色生产技术技能的农业人才和新型职业农民"。围绕农村与农业发展，世界各国探索了许多农业技术推广和新型职业农民培训模式与方法。农民田间学校参与式方法得到了联合国粮农组织的认可与推崇。北京引进了农民田间学校技术推广模式并成功地进行了本土化改进与实践。但如何客观综合地评估农民田间学校的"净效果"？如何从政策上加强支持？目前并没有开展过系统研究。

　　本书系统介绍了北京农民田间学校理论基础、基本特征、要素构成、发展设计与运行机制。在此基础上阐述了农民田间学校影响评估的描述性分析方法和计量经济学的分析方法，以及研究分析变量确定与模型选择。重点以番茄作物农民田间学校为实证研究对象，采用描述性分析和计量经济学分析方法，系统介绍了农民田间学校对农民生产知识和技能、生产投入与产出，以及农民环境意识及行为的影响的评估方法、评估过程及其结果与结论。同时，基于计量经济学分析的"净效果"提出了政策建议，为政府制定相关发展政策提供科学依据。希望本书介绍的计量经济学评估方法，特别是变量控制与"净效果"概念，对广大从事农业技术推广和农民培训工作的同行在进行工作效果或者影响评估时能有所帮助或启发。

　　由于编者水平有限，不妥之处敬请广大读者指正。

　　致谢：在本书编写过程中，得到了陈阜、黄季焜、王德海、石尚柏等老师，蔡金阳博士、项诚博士，以及程晓仙、吴建繁、杨普云、王以中、张晓晟、江真启、尹光红、张令军、郑建秋、金晓华、周春江、王克武、张猛、初蔚琳、胡新梅、师迎春、郑书恒、张丽红、魏荣贵等北京市农委、北京市农业局、有关区和乡镇等领导和同行的大力支持与无私帮助，在此致以衷心感谢！

肖长坤

2018 年 3 月

前　言

目　　录

第一章 引　言

第一节　研究背景

改革开放以来，我国政府高度重视农业的基础保障地位，使得农业科技实力不断发展和进步。我国自 20 世纪 80 年代以来，依靠科技进步逐步解决了广大人民的温饱问题，农业生产结构得到优化和调整，都市农业由传统的大宗粮食作物逐步向经济作物转变。近年来，北京市政府提出发展都市型现代农业，拓展农业的生产、生活、生态与示范功能，发展籽种农业、观光农业、循环农业和科技农业。农业生产结构的转型与多元化，使得农业生产更加复杂化，对科技创新和技术推广服务的需求提出了更高的挑战。

一、都市农业发展面临的挑战

2003 年，北京市农村工作会上正式提出了"都市型现代农业"的概念。2007 年，牛有成副市长提出发展都市型现代农业，关键是要着力开发农业的生产、生态、生活和示范多种功能，向农业的广度和深度拓展，促进农业结构不断优化升级，实现质量和效益的提高和统一（牛有成，2007）。北京 2 000多万人的吃喝，鲜活农产品是首都高端农产品供应和城市应急安全的基本保障。

京郊农业发展受到资源性约束。从农业资源来看，北京是拥有 280 万亩[*]基本农田的大城市，农业用地面积正在随着"世界城市"的扩容而逐渐萎缩，建设用地扩张直接导致农业的发展空间尤其是农作物的种植空间逐步收缩。同时，北京土壤质量退化、农产品质量安全、农业生态环境恶化及水资源短缺等环境问题也对农业发展提出严峻的挑战。如北京水资源人均占有量不足 300 立方米，2010 年北京水资源缺口已达 19.96 亿立方米，农业用水和生活、工业用水矛盾更加突出。严重的资源约束要求北京的农业必然依托农业科技发展，利用有限资源发展优质、生态、高效农业，从而满足城市市民基本需求。

农业发展和农产品安全形势仍然严峻。1985 年以来，我国蔬菜种植面积

---

[*] 亩为非法定计量单位，1 亩＝1/15 公顷。——编者注

持续增加，2005 年已经有 9 000 万个蔬菜种植户，年产值达到 510 亿元。蔬菜种植的快速扩展和集约化导致小的农田生态系统的稳定性降低，造成有害生物的暴发、投入的增加和农业生态环境的恶化。调研表明：京郊每年发生的病虫害种类达到 200 余种，仅蔬菜根结线虫就使多个区（县）约 10 000 亩蔬菜年损失达 3 000 元/亩以上，部分地块甚至无法种植。农户错用和过量使用农药现象普遍，过度依靠农药、化肥超量使用的高投入并未带来产出的高增长。相反，由于使用技术不到位，造成农产品农药残留超标，以及害虫再猖獗和生态环境的破坏问题更加严重，这突出反映出农民对科学技术采用存在不足。

市政府明确提出北京农业加强菜篮子保障能力，到"十二五"末蔬菜总面积达到 70 万亩，设施蔬菜种植面积达到 35 万亩，重点保障首都鲜活农产品的应急供应（《北京市人民政府关于统筹推进本市"菜篮子"系统工程建设保障市场供应和价格基本稳定的意见》，京政发〔2010〕37 号）。蔬菜产业规模将继续扩大，最近的研究表明：农户缺乏蔬菜农作制中基本的生态学知识，而蔬菜种植种类、栽培措施、栽培模式和生态条件等高度多样化，使农民进行有害生物管理决策时更加困难。农业生产结构调整加快、生产灾害频发、生态环境恶化以及农业生产投入不合理和农业科技推广效率低等问题日益成为限制农业生产进一步发展的障碍。

未来农业的增长将主要依靠农业生产效率的提高和产业结构的调整，而这两方面都依赖科技进步。北京市提出要大力发展环境友好型和资源节约型农业。但是，农民面临提高农业生产效率、增加收入和应对市场变化的挑战。农民增加农业产值的主要途径依靠较高的农业生产投入期望获取较高的效益产出，环境友好型和资源节约型技术应用受到农民科技素质制约。

北京拥有全国最好的科技和信息资源，面对农业发展存在的问题，需要对科技创新体系和科技服务体系进行重新审视。在此基础上进行创新改革，探索破解都市型现代农业发展中的技术问题，这为农民田间学校模式的引入和实践提供了更为广阔的发展空间。

二、农业技术推广面临的问题

农户是农业生产的基本单元，农民是农业技术的直接采用者，农业技术在农村的推广、传播和扩散，直接关系到农业生产的科技水平和农业生产力的提高，直接关系到农业生产问题的解决。然而，随着农业生产收入在农民总收入比重的下降和农产品比较效益降低，导致农户采用农业技术的积极性下降，农户采用新技术的风险意识和接受新技术的能力不强，整体上对科学技术的吸纳能力较弱。另一方面由于农民的需求行为与政府、科研人员及技术推广人员的科研与推广行为存在一定程度的不协调，科研人员、政府和技术推广人员对农民生产上需要的技术在认识上存在脱节。当前，农业技术推广仍然沿袭政府主导的自上而下的推广方式，这种方式已经远远难以适应市场经济体制下农业生产方式的变化。虽然农业技术推广部门经常通过技术试验示范、技术培训、发放资料等形式开展推广活动，但由于推广方式落后，部分农民的参与积极性降低，即使参与技术培训的农民也不一定会采用所推广的技术。农民对几种技术培训（讲课）的兴趣已有所下降，取而代之的是希望农业技术人员带来更多的现场指导。对大多数农民来说，仅仅提供单一的技术或者信息资料是远远不够的，传统的自上而下的技术推广很少考虑农民的需求，往往以技术为主线，缺乏系统分析和农民的参与，难以满足农民需求。

近年来，尽管北京市农业技术推广体系进行了推广手段和模式的探索，如试验示范、科技套餐、科技入户、科技赶集等，但许多农业技术推广活动仍旧是以"自上而下"的行政命令式，很少考虑农民的需求和地方实际，传统的推广没有教会农民进行农业生态系统的可持续性管理，导致土壤质量下降、地表水和地下水污染、生物多样性遭到破坏；传统的培训没有教农民应对食品和贸易的全球化带来的市场需求、机遇和危机。这对推广体制和机制创新提出了迫切要求。

国际上，20世纪70年代农作制研究（farming system research，FSR）的兴起也是源于遇到了同样的问题，发展中国家在绿色革命的过程中遇到了困难：一是单项技术和品种的推广缺乏系统保证，推广效果不理想；二是从单纯的技术着眼，缺乏社会与经济角度的考虑，技术效果难以实现，难以促进农村的全面发展；三是单方面技术人员的研究和试验，缺乏与农村实际的联系和农民的参与，即使良好的技术也往往被农民拒绝。这推动了国际上对农作制中农业技术推广理论和创新的研究向深入发展，在系统水平上，由农田→农户→社区→区域发展；在生计焦点上，由作物→农牧结合→多种生计源发展；在功能焦点上，由研究→研究＋推广→研究＋推广＋支撑服务发展；在研究方向上，由单纯的增产向增加收入、资源环境保护、扶贫和妇女问题发展；在研究方法上，充分吸收信息技术、管理技术、社会发展学、生态学和心理学知识。农作制研究采用快速乡村调查方法（RRA）、参与式农村调查方法（PRA）、问卷调查方法，以及试验效果综合评价，强调对技术的系统考虑，以农民为中心，以解决问题为宗旨，多学科多方参与，农作制研究方法的采用是动态的。

传统农作制下农业技术以实验站或试验场为主的研究示范推广模式，存在很强的局限性。由于农民未能参与，一方面怕担风险不敢尝试新的技术，另一方面，即使采用，大部分人由于没有掌握技术实操过程和要点，得不到应有的效果，或者得到负面的效果，使技术很难推广应用。农民田间学校正是在国际农作制发展的背景下，在有害生物综合治理（integrated pest management，IPM）中逐步发展形成的一种自下而上、以农民为中心的参与式技术推广模式，所以，研究农民参与式方法，引进农民田间学校模式，使技术推广由试验站研究试验示范转变为由农民参与研究，通过农民研究、评价，并掌握方法进行传播推广的新机制十分必要。这为京郊农业技术推广带来了一丝曙光。

三、农民田间学校引入

在国际农作制发展的过程中，国内外在农业推广改革方面也开展了多方面的研究、探索和应用实践，也面临着同样的难题。农业推广相关研究者和参与者提出，传统的农业技术推广最大的一个不足是许多从事知识扩散的人员倾向于采用"自上而下"的方式。研究表明，有害生物综合治理无论在发展中国家还是发达国家已经很少进行，对农民来说，失败的原因主要是 IPM 的采用复杂，而且过程较长。自然天敌、有害生物和作物生态知识是农民采用环境友好和可持续有害生物综合治理的基础，这些技术（如保护和利用自然天敌、生物制剂的应用、预防性措施，农民行为的改变）是采用有害生物综合治理技术的前提。以前的经验表明：发展中国家有害生物综合治理的失败主要是由于过分强调技术转化，忽视了更广泛的包括对农民的授权和知识的传播。缺乏足够的培训，农民是不会采用有害生物综合治理的。农民的需求是广泛的，不可能通过原来简单的、一成不变的技术包解决。这种"自上而下"的方式和参与式方式相比，在提高知识技能方面效果比较差。

一些发展机构认为，举办农民田间学校是一种潜在最有效的推广知识的方法，它采用"自下而上"的工作方式，注重与农民的沟通与交流。联合国粮农组织（FAO）在东南亚水稻有害生物综合治理中首次提出将农民田间学校作为一种推广包含复杂知识的有害生物综合治理措施的实用方法。农民田间学校方法主要通过提高农民生态知识以减少农民对有害生物管理的错误认识。此后，农民田间学校在课程设计上逐渐发展到更广泛的与农场相关的内容。在FAO 的资助下，我国自 20 世纪 90 年代开始，也逐步以水稻、小麦、玉米、棉花和蔬菜等作物尝试举办多所农民田间学校，尤其是以水稻和棉花病虫害综合防治技术开展的农民田间学校，在 20 世纪 90 年代曾成为东南亚、非洲及拉丁美洲一些国家学习的典范。

北京市针对都市型现代农业面临的问题和技术推广改革的迫切需求，2005 年 6 月 1 日正式引进农民田间学校模式，因地制宜制订了发展计划与管理规范和制度，由政府主导，整合资源，政策推动多个部门、多个行业参与农民田间学校的开办,将农民田间学校培训工具和方法融入职能工作中。到 2011 年年底全市开办农民田间学校 800 多所,推动了农业技术推广理念和手段由传统的"自上而下"到"自下而上"的转变,受到了京郊农户的普遍欢迎。

北京农民田间学校得到了社会肯定。第 24 届亚太地区植物保护会议召开期间,联合国粮农组织植保局局长 Peter Kemore 及美国、日本等 30 多个国家的 100 多名农业部官员和专家高度评价北京农民田间学校建设成效。北京通过农民田间学校保障奥运会食品安全的案例在罗马国际会议进行报告,得到了好评。由美国加州大学昆虫学教授 Frank Zalom、美国康奈尔大学的昆虫学教授兼试验站站长 Michael Hoffmann 等组成的"美国病虫害综合防治推广方法考察团"专门来观摩调研北京农民田间学校,给予了高度评价,认为在农民田间学校农民通过动手参与试验实践学习,使其掌握有害生物综合控制技术并培养食品安全意识,对保障食品安全有重要意义。大兴区农民田间学校学员参加了中国科协、农业部等 15 部委组织的"全国农民素质论坛",受到了中国科学技术协会书记处第一书记邓楠、农业部副部长危朝安等领导的高度评价和肯定。农业部、科技部、中组部、中宣部等 19 个部委农民科学素质行动领导协调小组成员观摩大兴区西瓜农民田间学校后,给予了充分肯定。

2007 年,北京市牛有成副市长在对昌平有机草莓农民田间学校调研后指出:农民田间学校在调动农民主体积极性上取得了破题性成果,要求总结经验、加快推广。北京市委书记刘淇调研后批示:"把农民田间学校的做法在全市各区(县)推广,扩大普及,实现学习型农村的目标。"2008 年北京市农委、北京市农业局、北京市科委、北京市财政局联合下发《关于加快京郊农民田间学校建设的实施意见》,推动农民田间学校在全市多个行业推广。农业部科教司在全国 10 个省份示范推广"北京模式",成为推广体系改革中农业技术推广创新模式。

第二节 国内外研究现状

农民田间学校作为一种参与式农业推广和农民培训模式,其外延是根据工作目标和对象设定的,不同国家和不同地区存在的问题不同,解决的目标问题存在很大差异,所以,表现出的效果或者影响也就不同,这也是国际上对农民田间学校效果存在争议的主要原因。应根据现有研究结果,对国内外农民田间学校概念、发展现状,以及采用的影响评估方法和效果研究进行综述。

一、农民田间学校概念

虽然"农民田间学校"自诞生以来已经经历了 20 多年的发展历程，但是对它的认识依然有待于深化。随着实践活动深入开展，"农民田间学校"的模式、功能定位、原则、理念、特点、运行逻辑也都悄然发生了变化。联合国粮农组织首次提出农民田间学校作为一种用于有害生物综合治理技术扩散的有效方式，它采用"自下而上"的工作方式，注重与农民的沟通与交流，目的在于减少农业生产过程中农户对化学农药的过度依赖，将有害生物综合治理技术推广出去，并在国际发展援助项目当中作为一种推广工具运用；此外，在进行技术推广的同时，项目的另一个目标是"提升农户通过试验进行自主决策和采取行动的能力，因为能力的增强反过来有利于农民将有害生物综合治理技术有效应用于生产活动当中"。Kristin Davis 认为"农民田间学校追求的是培训的有效性、可持续性、参与性和可融资性，这些都和传统培训追求的评价标准不同"，但是其对"农民田间学校"的理解仍然停留在技术推广层面，即"项目中开办农民田间学校的影响主要是作用在社区教育和推广项目上，涉及的主体是项目人员、推广人员、资助者、政府和其他利益相关者，农民只是项目的一部分而不是全部"。Kevin D. Gallagher 并不认同 Davis 的某些观点，他认为 Davis 实际上混淆了农民田间学校本身的一些设计理念，Gallagher 认为"农民田间学校是一种参与式的组织方式，是对传统农民培训模式的改革，是传统技术传递方式向成人教育的转换"，即农民田间学校不是一种单纯意义上的农业技术推广活动，而是一种成人教育方式。事实上很多学者对农民田间学校的理解基本停留在技术推广和信息传播领域，将其视为推广技术、实现项目目标的工具，认为对农民田间学校的讨论应该归属方法论层面。Pontius J. 在他的《从农民田间学校到社区 IPM 项目：亚洲 IPM 培训 10 年回顾》中总结："笔者需要认识到农民生活在这个世界上需要面对比常人多得多的外部干预力量，这些力量来自技术、政策、市场和社会，如果农民不提前采取行动，这种力量就会把其排斥在社会的边缘，因此推动 IPM 的基本目标就是对农民赋权，以便他们能够面对纷繁的问题，并且将他们从社会边缘拯救回来"，对农民有效赋权的途径就是依托社区农民田间学校的开展。因此当今学术界已经不再单纯将农民田间学校作为一种简单的技术推广传播模式或者教学组织方式，而是将其视为一种农民能力提升的途径，"农民田间学校是一种行动者互动的界面，没有固定的场合和固定时间，其组织活动的真正目的是赋予农民自信心，还给农民话语权，并且使他们有权拒绝那些无法实现利益的服务"，农民田间学校不是一种简单的培训教学，而是一种发展干预行动，核心在于农民能力建设和赋权的实现。"事实上笔者无法解释和预测农民田间学校的概念和发展方向，因为其从来就不是一个实体，而是农民依据自身能力以小组为单位解读生活现象的过程，最终动机是发展和构建可持续生计系统。"

虽然国外学界对"农民田间学校"的概念始终无法达成共识，但是我国学者对其的认识却出奇的一致，那就是将其界定为一种技术推广方式和农民素质教育模式，培训过程中始终以农民为中心，通过农民参与分析、研究和自主解决生产中遇到的问题，进而提升其自信心和决策能力的新型农业技术推广方式。这里暂且不谈概念界定的对错，还是倾向于援引项目发起者联合国粮农组织对农民田间学校的界定：农民田间学校是一个以小组为学习单位的农民培训方法，是一种自下而上的参与式农业技术推广方式，并通过经验式学习帮助农民实现能力的提升。农民田间学校代表了一种农业推广方式的转变，培训采用参与式方法来帮助农民培养其分析技能、批判式思维和创新能力，帮助他们学习做到更好决策。在这种方法中，培训者作为辅导员，而不是老师，这反映了推广工作的转变。辅导员引导农民在田间通过相关的农业措施来开展培训学习、交流经验活动，开展田间试验使农民学会如何做试验，提高独立解决问题的能力。这些农民对政府推广机构的要求减少，他们能够根据自己的环境条件和文化需求采用适合自己的技术。

二、国内农民田间学校影响研究

对农民知识和技能的影响国内普遍采用的是票箱测试法，通过培训前后农民测试成绩的比较获得，北京市植保站肖长坤研究表明农民田间学校学员平均成绩最低提高 18.8%；云南省植保站的吕建平研究表明，受训学员在病虫识别、天敌知识、生态控制、防治决策、科学用药等综合知识方面都有提高。王厚振通过对中国、联合国粮农组织、欧洲联盟 2000—2004 年共同资助的棉花 IPM 农民田间学校项目进行效果评价，认为田间学校效果体现在学员较培训前的技术水平有了显著的提高，不但可以识别病虫害和天敌，会进行棉田管理决策、有很强的语言表达能力，而且都能辅导培训班和独立开办农民田间学校。

全国农业技术推广服务中心主任夏敬源通过农户抽样调查表明，受训农户与非受训农户相比使用农药次数和农药用量显著减少，受训农户水稻产量和培训前以及非受训户相比明显增加，培训户比非培训户亩纯收入增加 50 元左右。梁帝允等研究表明，受训农户每季防治水稻病虫次数、农药用量和农药费用明显减少，水稻亩产增加 14.4 千克，增幅 3.5%；亩纯收益增加 72.8 元。管荣通过实践总结：田间学校培训学员的棉田化学农药使用次数比非学员平均减少 9.2 次，使用高毒农药所占比例下降 74.1%，生物农药使用次数增加 3.8 次，受训户棉田捕食性天敌总数增加 77.6%。与对照户相比，每公顷平均用药费用减少 486.5 元，肥料投入降低 109.5 元，籽棉产量增加 376.5 千克，纯收益上升 2 103 元。王亚洲进行农民培训前后纵向比较结果表明，大多数学员能够根据田间调查情况综合分析运用 IPM 原理做出决策，打药次数平均减少 1.13 次，用药量降低 29.65%，防治费用减少 19.5%，农民科学种田的素质明显提高。

李任民的调查结果显示，平均一个学员可影响带动 3.6 个邻田户或亲戚。梁帝允等研究人员认为受训农民对邻近农民有示范效应，发挥传、帮、带作用。据调查，平均一个受训农民一年可影响带动 3～4 个邻田户或亲戚。张宜绪认为，受训农民普遍发挥传、帮、带作用，对邻近农民有示范效应，一个受训农民一年可影响并带动 5～6 户共同开展水稻病虫防治。杨森山通过调研实践，认为受训户平均带动 3～5 户。蔡元呈提到，农民田间学校的开设使受训户提高综防知识后，还将技术辐射到周围农户，平均每户指导亲友、邻居 3.7～6 户。张求东研究结果表明，田间学校学员的态度和行为已经影响了周围人群的行为习惯，致使他们也模仿学员进行病虫害防治决策，学员影响周围人群的辐射比例为 1∶7，也就是说 1 个学员可以带动 7 个他周围农民实现棉花病虫害综合防治。

1995—1996 年，在中国采用机构化问卷开展的外部评估结果表明：农民学员相关知识和概念在培训结束一年后增加，杀菌剂的使用更加减少，但产量没有差异。由于样本比较小，代表性不够。2001—2002 年的内部评估：学员杀虫剂使用次数和用量显著降低，产量和收入明显增加，同村的对照农户农药使用次数和用量显著减少，但对其产量没有影响。本次调查田间学校样本村和非田间学校村的特征存在差异，而且样本量比较小（National Agro - technical Extension and Service Center，2003）。

Puyun Yang 等采用差分模型（DD 模型）的方法，针对云南省蔬菜农民田间学校和传统培训对 2003—2007 年农户有害生物管理知识和技能的影响研究，结果表明：农民田间学校农户在蔬菜有害生物、自然天敌、病虫害生态学、有害生物管理等方面的知识显著增加，而接受传统培训的农户这些知识没有明显增加。蔬菜农民田间学校使农民在学习简单知识的同时，也学习了复杂的 IPM 知识，而传统培训仅仅提升了蔬菜种植户的简单知识，因此，农民田间学校是推广复杂的 IPM 知识给小农户的独特的推广工具。

三、国外农民田间学校影响研究

1999—2001 年，对泰国的外部评估表明：农民学员的有害生物和天敌知识增加。稻田杀虫剂费用下降58％，而项目村非学员户和对照村农户没有变化。但项目村和非项目村的背景与特征存在差异，在培训前，学员具有更多的有害生物知识和更多的杀菌剂投入差异。2006年，通过对泰国5个水稻省份241个农户4年的3次调查，运用时间序列分析、双差异分析模型和环境影响商参数法对农户水稻病虫害管理措施和农药使用情况变化进行模拟分析，结果表明，培训农户短期内能够显著减少农药使用量，并且这种减少能够在培训后持续几年时间，但培训农户水稻的毛收入在培训前后没有显著差异。

2001年印度尼西亚的案例研究表明，社区IPM活动提高了创造性、独立性，投入降低，收入增加；农民学员学习机会增加，更加平等。其他项目内部评估表明：一年的纵向比较，水稻田间学校学员农药用量和费用显著减少，效果的持续性研究欠缺，而且缺乏经济效益研究。1997—1998年印度尼西亚的项目内部评估表明：培训之后农民学员显示出更好的团队凝聚力；田间观察、分析、操作技能提高；具有批判性分析思维和自信心；对自己地位和权利意识增强，社会地位提高；自发组织项目活动增加。案例研究表明，水稻杀虫剂销售连续减少；经营杀虫剂商店数量减少。1999年对印度尼西亚采用结构化问卷开展的外部评估表明：学员和非学员相比水稻单位面积产量提高；评估的4种杀虫剂使用量下降，在评估村和对照村特征和农户特征的可比性上存在疑问，研究没有考虑调查和培训之间的时间差。2002年采用计量双重差分分析法的外部评估表明：农民田间学校户产量和杀虫剂投入无差异。存在问题样本量小、研究设计上样本差异较大；8年后的长期评估表明，存在农民记忆不清、其他项目干扰、项目扩散等问题。2003年，对印度尼西亚的农民田间学校效果进行了评估，采用双差异模型对1991—1999年农民田间学校的面板数据进行的分析，重点评估了对田间学校学员和他们的邻居是否增加产量和减少杀菌剂投入。结果表明：农民田间学校对学员和他们的邻居并没有显著影响。

1995—2000年，对菲律宾开展的外部评估表明：农民学员比非学员农业和有害生物管理技能显著提高，而且原来毕业学员和新毕业的学员之间没有差异；尽管受训的学员掌握了复杂的农业生态系统管理知识，但没有向同村和外村的非学员扩散。Agnes在菲律宾对307名农民田间学校学员进行了跟踪研究。研究发现，从理论来说，农民通过人际交往可以将所学所知传递给其他农户，但是现实中这种辐射带动作用并没有发挥，所有的信息技术传播完全局限于本村狭小的空间，更确切地说是学员狭小的人际关系网络中。此前研究人员认为农民的技术传播是依靠"面对面"的沟通方式，但是这种传播渠道在现实中似乎失效了。

1999—2001年对越南的项目内部评估表明：农民田间学校帮助农民减少

茶叶杀虫剂使用量，通过改进农业措施帮助学员提高产量。同时显示高经济价值的蔬菜作物杀虫剂和杀菌剂使用量都显著减少，氮肥使用量显著减少、磷肥使用量增加，作物产量明显增加。但数据是在培训期间获得的，结果是否由于采用了 IPM 尚不得而知。

应用搜索文献资料、随机抽样、倾向性赋值分组对比和回归分析等实证方法，研究秘鲁试验农民田间学校对农民马铃薯 IPM 相关知识影响，结果表明：参加农民田间学校的农户和没有参加田间学校的农户（基本特征相似）相比，IPM 实践知识显著提高，农民马铃薯 IPM 相关知识的提高对马铃薯产量的增加有潜在影响。1999—2000 年对秘鲁、玻利维亚项目内部评估：农民学员和非学员相比提高了马铃薯晚疫病的知识，经济纯收入显著增加，但样本量太少。

1998—2002 年对孟加拉国基于项目内部评估：茄子产量持续提高，杀虫剂使用量急剧下降，但日常的数据显示农户在生产中并没有采用 IPM 技术，而且学员比非学员的文化程度明显偏高，同时期开展的外部评估表明：水稻产量提高，杀虫剂使用量下降，但日常的数据显示农户在生产中并没有采用 IPM 技术。

2003 年柬埔寨基于项目内部评估表明：农民学员比非学员杀菌剂用量明显减少，掌握更多的采用有益生物和杀菌剂交替使用防治有害生物，以及应用杀菌剂带来的健康风险知识。项目区承受着周围地区大量使用杀菌剂的压力，需要持续开展活动。结果表明农民田间学校对作物产量和效益没有明显影响。取样时一半农民田间学校正在开办中，效果可能被低估，而且回忆 1～2 年前的数据可能不准确。同时，样本代表性不强，学员样本更加年轻，教育和文化水平较高，可能影响评估效果。

斯里兰卡于 2002 年开展评估表明：单位产量增加 23%，单位收益增加 41%，杀菌剂减少 81%，在提高土壤特性技术应用比例显著增加，投入成本下降，培训效果持续 6.5 年，效果在项目村内有扩散，但在村庄之间没有。同时，案例分析表明：田间学校培训效果并不局限于 IPM，田间学校是一种方法的学习，它影响到农民生计的多个方面。

1993 年对苏丹 IPM 田间学校开展了基线调研，并于 1995 年进行了一次评估工作，2001 年进行了再评估，主要想了解项目完成后农民田间学校对当地社区的影响。但是结果显示，农民田间学校虽然对学员的技术采纳有一定的影响，但是这种影响远没有辐射出去。虽然农民田间学校强调对农民的赋权，但是这种赋权在传统制度背景下并没有真正实现。学员的行为虽然发生了改变，但这种变化却没有影响他人。

对农民田间学校影响的评估主要集中在对产量、收入和农药投入减少的影响。如泰国的 Nanta 和斯里兰卡的 Ekneligoda 称具有更多的 IPM 知识和接受农民田间学校培训的农户农药用量减少，而且水稻产量增加 25%。孟加拉国的 Ramaswamy、Shafiquddin 和 Latif 类似的研究表明：农民田间学校农户和类似的非农民田间学校农户相比，水稻产量增加 8%～13%，越南、加纳、科特迪瓦、布基纳法索等也有类似的研究报道结果。在农户收入增加方面，斯里兰卡达到 40%，泰国 30%，中国为 10%～25%。

关于田间学校对农民知识的影响研究普遍表明：参加农民田间学校的农户和参加之前相比或者和没有参加的对照农户相比取得更高的知识测试成绩。另外，也有部分研究表明，参加农民田间学校的农户和没有参加的对照农户比能减少农药的使用量，并获得更高的产量。同时，很少有证据表明参加农民田间学校农户对其他农民有知识扩散效果。

农民田间学校项目的有效性成为争议的热点，这些项目有大量的关于影响的数据，但这些项目报告的结果没有公开，也没有得到同行的评价，来自不同途径的大部分评估报告都得到了正面的结果和可能的偏见。特别是世界银行对印度尼西亚的评估报告显示，农民田间学校没有效果，更是引起了农民田间学校影响和效益的争议。农民田间学校的影响力至今没有得到广泛的认可，主要是因为迄今为止，农民田间学校影响评估的方法欠缺，另外，对 IPM 影响评估框架还没有达成一致，同时，农民田间学校是仅仅作为一种推广工具，还是一种农民教育投资仍然存在争议。

以往农民田间学校项目的评估数据没有考虑相反的方面，主要是因为没有对照的地点或者基线数据不充分。也有的是培训前和培训后 2 个观测点的对比。而且，多数研究集中在单一效果研究，如知识、杀菌剂使用和产量等的某一方面，没有对环境的影响数据。农民田间学校在农作制大背景下，工作目标是农村社区发展，效果可能包括：①农民知识和技能的提高；②农民产量增加、投入减少、效益增加；③环境的改善、组织化程度的提高，社区的和谐等经济、社会和政治效果。任何一种评估方法都不可能包括所有方面。不同地区生态条件下存在的问题不一样，农民田间学校的主要目标定位不一样，效果可能表现在不同的方面，以前的影响评估对环境影响、经济效益和劳动回报率等方面的研究不够深入，缺乏说服力。

已有的的评估研究主要是项目内部的评估，且偏重案例和典型数据分析，其代表性不够。在已有的外部效果评估研究中，评估实施时间和项目执行的时间间隔跨度不一，研究样本太小，而且不同研究在试验设计、评估方法和指标设计方面差异比较大，如没有很好地控制参加农民田间学校的农户和对照农户的潜在差异，就会很难得出明确的结论。这些差异可能来源于项目的非随机安排，或者是参加农民田间学校农户的自愿性。例如，农民田间学校村的选择是因为在土地肥料和气候方面具有相对优势，或者自愿参加农民田间学校的农户和没有参加的农户相比，其平均产量高。项目评估实时主体和设计的不足是造成结果差异的主要原因，这也引起了不同研究者的争议和投资者的关注。

第三节　问题提出

无论是国际上的农民田间学校，还是国内其他省份的农民田间学校的探索和应用都是在国际项目的资助下作为一个项目实施的，随着项目的结束就终止了，外部的相关支持并没有调动内部发展动力。原有项目的设计和实施都局限于贫穷地区，具有扶贫性质，缺乏北京农业较为发达地区发展模式的探索。基于以上现状，北京市于 2005 年引进了农民田间学校理念，探索在京郊都市农业背景下的农民田间学校模式、运行效果研究与推广应用，探索解决都市型现代农业发展中农业技术推广的问题。

2008 年，国务院 30 号文件提出了全国三年内普遍健全乡镇基层农业技术推广体系的意见。在基层推广体系改革的进程中，农业技术推广最后"一公里"问题仍然没有破解，"北京模式"的成功为农业部的改革思路带来了启示，农业部科教司委托农业部农业管理干部学院和北京市专家组进行全国推进农民田间学校的探索尝试，并在农业部推广改革示范县开展试点的基础上进行大范围推广。

但是，农民田间学校随着在各个国家的不断实践，其理念、目标、运行模式、机制等都发生了很大的变化，北京在都市型现代农业发展背景下探索的"北京模式"在宏观上具有很强的政府主导性，在微观上突出调动农民的主体积极性，强调自下而上的服务。北京模式到底是什么，其引入与发展过程、发展现状、办校特点怎么样？人们对这些内容缺乏系统的分析总结和研究。农业部在全国推广复制农民田间学校"北京模式"的今天，对具有和北京相同背景下的地区发展农民田间学校并没有真正实质的借鉴意义。

由于农民田间学校参与式培训的学员数量限制，每名学员的培训花费比较高。因此，大面积推广田间学校将是一项很大的公共开支。"北京模式"的背后是有雄厚的资金支持，政府投入了大量的资金和人力，农民田间学校的投入回报率一直是农民田间学校模式推广中学者争议的话题，尽管各级领导对农民田间学校给予了充分的肯定，也得到了农民学员的普遍欢迎，但仅仅是印象上的评判。目前的效果评估多是项目开展的典型案例分析评估，如农民田间学校对农民的综合素质和技能的提升的影响研究主要是基于培训前后的 BBT 测试结果对比分析，而且数据有限，缺乏横截面数据的比较，复杂的 IPM 知识在农民之间是否能够扩散也一直是政府和项目人员的兴趣所在。对非学员的辐射带动效果，相关实证研究存在争议，国内没有开展过这方面的研究。例如，对农民投入和产出的效果，主要是基于农民试验田数据的统计分析，缺乏普通学员农户和对照农户的数据。对农民生态环境意识的影响研究，主要是对农民农药投入和生物多样性的影响研究，而缺乏对节肥和节水技术影响的统计研究数据。

由于没有现成的评估工具和做法，缺乏基于大量样本调查数据基础上的定量分析，这使得学者难免对"北京模式"的效果存在质疑，使决策者对田间学校的投入和可持续发展存在疑问。如北京市政府的资金和人力投入回报率有多大？对都市农业发展生态价值体现在什么地方？北京模式在全国推广的意义有多大？这些问题的提出，亟须对农民田间学校影响评估开展研究，以从实证和政策的角度上为田间学校可持续发展提供依据。

第四节　研究意义

随着农业科技更新加快和种植结构调整，对当前自上而下的农业推广模式提出挑战，但是改革与发展的方面缺乏正确的理论引导与实证分析研究。农民田间学校是近年来逐步发展和完善的一种自下而上的参与式农业推广模式，受到了各种国际机构的推崇，并在国际组织的资助下得到了快速推广。北京在都市型现代农业发展的背景下，在政府的资助下进行了农民田间学校引进和实践，取得了一定的发展和成效，但是，对北京农民田间学校的发展现状和经济效果缺乏系统的研究。拟通过本研究，重新审视农民田间学校参与式推广模式在政府主导型农业推广中的发展现状、特征和经济效果，为准确定位适合北京郊区实际的农业推广提供依据。

以前农民田间学校多是在国际项目资助下实施，项目的效果和项目目标的设定有很强的关联性。值得注意的是，过去中国农民田间学校的成功案例多在项目执行期间出现。到目前为止，主要作物相关的农民田间学校均是在联合国粮农组织的项目资助下在部分省份开展，并没有形成持续发展的机制和普遍推广应用。在推广体系改革进程中，将"北京模式"在全国推广，及时地对"北京模式"引进背景、发展特点和现状进行总结研究，在北京经验的基础上设计适合不同省份和地域的办校模式并探索发展和运行机制具有重要意义。

在农民田间投入回报方面，国际经验表明，农民田间学校发展的投入成本较高，这在学术界一直是个具有争议的话题。以前对农民田间学校影响的评估主要在于研究产量、收入和农药投入减少的影响。多数研究案例表明农民田间学校具有明显的效果,如具有更多的 IPM 知识和接受农民田间学校培训的农户农药用量减少,而且水稻产量显著增加,在中国、泰国、斯里兰卡、孟加拉国、越南、加纳、科特迪瓦、布基纳法索等也有类似的研究报道。而印度尼西亚的案例表明农民田间学校对学员和他们的邻居在增加产量和减少杀菌剂投入方面并没有显著影响。我国也在 FAO 的支持下,在部分省份进行了多年的农民田间学校实践,主要在水稻、棉花、蔬菜等作物上开展,其效果到底如何,尽管有个别研究报道,但缺乏系统的计量经济学的实证研究。

国际上以前对农民田间学校效果的研究,由于在项目村庄安排和参加项目农户选择上的非随机性,研究没有解释在影响评估中存在的计量经济学问题,或者其他的计量经济学问题可能导致项目影响评估的偏差。不同的项目针对的目标不同,针对的评估内容和应用的评估方法也不同,所以得出的结论不尽相同,而且缺乏较为全面系统的效果评估。

中国具有庞大的农业推广体系,如果再进行全面推广必须依托国有体系进行。而北京市的农民田间学校特别强调政府的参与,北京市农业局制订了特别的农民田间学校辅导员培养计划和激励机制,并投入大量的经费用于资助辅导员做好对农民田间学校的技术指导与辅导工作,政府主导有力地推动了农民田间学校的发展。目前,国际上完全由地方政府主导推动的农民田间学校属首次,而且也是首次在经济较为发达农村地区进行尝试,并且在培训内容上由传统的有害生物综合管理转向农业综合管理。

因此,本研究选择政府主导的农民田间学校,针对以上问题,开展北京农民田间学校发展、设计研究与实证分析,并对实施直接效果、扩散效果和投资回报率进行了计量经济学分析,为农业部农业推广体系改革提供科学的理论与实践依据。

第五节　研究目标与内容

根据研究背景和提出的问题,本研究根据经济学、社会学和农学的相关理论,系统总结农民田间学校的理论,总结研究北京市农民田间学校的发展过程与主要特征;根据在北京市的实践,设计出对其进行评估的理论与方法体系;并在深入调查北京市农民田间学校农民生产情况的基础上,以植保行业番茄设施蔬菜农民田间学校为例,采用计量经济学方法,研究农民田间学校对农民生产知识与技能、生产的投入与产出,以及农民环境意识与行为的影响。在此基础上,发现目前北京市农民田间学校所存在的问题,并据此提出未来农民田间学校发展的政策建议。

一、研究目标

研究北京在都市农业发展下农民田间学校的创建与发展模式，评估农民田间学校对农民生产知识与技能、生产的投入与产出，以及农民环境意识与行为的影响。在此基础上发现目前北京市农民田间学校所存在的问题，提出未来农民田间学校发展的政策建议。

二、研究内容

（1）农民田间学校创建与实践。根据经济学、技术推广与扩散、农民行为和相关农学理论，提出农民田间学校的理论基础。在此基础上，对北京市农民田间学校的创建，包括主要特点、发展过程、具体实践进行分析，对目前北京市的做法进行描述，对相关概念进行界定。

（2）对农民田间学校学员设施生产知识与技能的影响。通过问卷方式，针对设施番茄生产活动，进行生产知识和技能测试，明确田间学校对学员生产知识与技能的影响，以及扩散效果。通过农民田间学校培训在农业技术信息传递中的量化效果及其分析，发现农民田间学校在技术扩散中的偏向性。BBT 测试的生产知识与技能包括农户设施番茄生产中的病虫害防治、施肥技术、灌溉技术和农药施用等知识与技能。

（3）对农民设施番茄生产投入、产出的影响。通过问卷方式，针对设施番茄生产所有活动中的投入和产出情况进行调查与分析，明确农民田间学校对学员投入、产出等方面的影响，以及学员的扩散效果。明确农民田间学校在相关方面的投入回报率，为田间学校的进一步发展提供实证基础。主要投入包括设施生产的各种投入，如劳动、化肥、农药、机械等，产出主要是指产量、价格及销售情况。

（4）对农民食品安全生产和环境意识的影响。通过对生产资料投入构成和技术应用情况的统计分析，明确农民田间学校对农户环境意识，化肥、农药使用意识和技术方面的影响。

（5）根据研究结论提出相应的发展和政策建议。

第二章　研究框架、模型与数据

本章主要介绍研究的理论框架、实证模型的设定、模型各变量的定义以及研究中计量模型所采用的估计方法，最后介绍实证分析的样本选取及数据来源。

第一节　研究框架

本研究的主要目标是对北京市农民田间学校对设施番茄生产的投入产出、农民生产知识技能及其环境意识等影响进行评估。根据研究目标，本研究设置了如下研究步骤。首先，分析了农民田间学校培训对农民生产知识技能提高的影响，进而分析了知识技能对农药投入及产量的影响。其次，本研究在控制其他变量的情况下，分析了农民田间学校对设施番茄生产的劳动力、资金、农药投入、产量，以及资金回报率等的影响。最后，分析了农民田间学校对农民生态环境意识及环境友好型技术采用的影响。

因此，本研究建立了农民田间学校对农民生产管理知识技能和生产的分析框架、农民田间学校对设施番茄生产投入产出影响的分析框架以及农民田间学校对农民环境友好型技术采用影响的分析框架。

农民田间学校活动直接影响到农民的管理知识与技能，并由此影响到农民农业生产的产量。图 2-1 是农民田间学校对知识技能和生产影响的分析框架。为了分析框架图的简单和美观，笔者将户主性别、年龄、受教育年限、是否村干部及其家庭人口数等在分析框架中归类为农民特征。

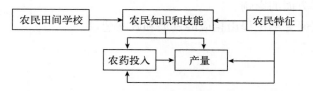

图 2-1　农民田间学校对知识技能和生产影响的分析框架

从图 2-1 可以看出，除了农民田间学校培训以外，农民特征对其知识和技能也有影响。户主年龄、受教育程度、是否村干部等农民特征也会影响到其农药投入及番茄产量。因此，为了分析农民田间学校对农民知识技能的净影响，笔者必须控制农民特征对农民知识和技能的影响。同样，在分析农民知识技能对农药投入及产量影响时，笔者也需要把农民特征作为回归分析中的控制变量。

　　图2-2是农民田间学校对设施番茄投入产出及技术采用影响的分析框架。农民田间学校活动影响到农民的化肥、农药和劳动等投入，并通过投入的变化影响到农民番茄生产的产量。在分析农民田间学校对农民设施番茄种植产量影响时，笔者除了考虑户主性别及年龄、受教育程度、是否村干部、家庭人口数、家庭非农就业比例等户主及家庭特征和茬口及品种特征等因素外，还要控制农民的劳动力、化肥、农药等生产投入因素。在控制户主个人及其家庭特征、茬口及品种特征、生产投入的基础上，通过计量经济模型才能得出参加农民田间学校对农民番茄产出的净效果。

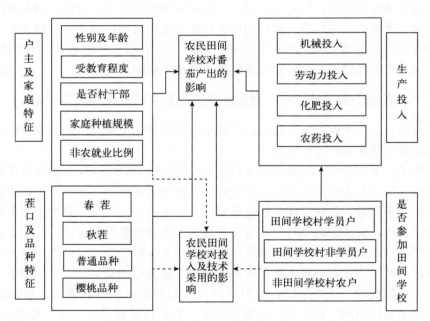

图2-2　农民田间学校对农业生产投入产出及技术采用影响的分析框架

　　影响农民对设施番茄生产投入的因素非常多，除了农民田间学校培训以外，笔者主要考虑户主性别及年龄、受教育程度、是否村干部、家庭人口数、家庭非农就业比例等户主及家庭特征和种植的茬口及品种特征等因素。在控制户主个人及其家庭特征、茬口及品种特征的基础上，通过计量经济模型得出参加农民田间学校对农民番茄生产投入影响的净效果。

农民田间学校活动还影响到农民的环境保护意识。农民田间学校通过培训的方式给农民讲授不同施肥方式及灌溉方式对土壤及设施温度、湿度等生产环境的影响，进而影响农民对环境友好型施肥方式及灌溉方式的采用。除了农民田间学校以外，茬口和番茄品种的不同对施肥及灌溉也会有不同的要求。户主性别及年龄、受教育程度、是否村干部、家庭人口数、家庭非农就业比例等户主及其家庭特征也会影响农民对环境友好型施肥及灌溉方式的采用。笔者在分析农民田间学校对农民环境友好型技术采用的影响时重点将茬口、品种特征和户主及其家庭特征等作为控制变量。

第二节　实证模型设定

根据上述理论框架与假定，本研究首先将采用联立方程组模型和风险控制生产函数模型估计农民田间学校对生产管理知识提高及生产管理知识对农民农药用量、番茄产量的影响。然后用单方程模型估计农民田间学校对投入产出效果及资金回报率和劳动回报率的影响。本研究最后用 Probit 模型估计田间学校培训对农民环境友好型施肥及灌溉技术采用的影响。

一、农民田间学校对生产管理知识提高及生产影响的模型设定

分别设定三个模型来考察农民田间学校对管理知识提高以及管理知识对农民农药用量和番茄产量的影响。

在第一个模型中，笔者主要考察农民田间学校对农民管理知识及技能提高的影响。因变量为农民的生产知识技能，笔者用对农民生产知识及生产技能的考试得分来衡量。农民田间学校变量将以三个虚拟变量表示，分为农民田间学校村学员户，农民田间学校村非学员户和非农民田间学校村农户。其中非农民田间学校村农户作为对照组，农民田间学校村非学员户虚拟变量主要是为了测量农民田间学校培训的技术扩散效果。而笔者最关心的变量是农民田间学校村学员户虚拟变量，该变量即农民田间学校培训对农民生产管理知识提高的影响。除了农民田间学校培训影响农民的生产知识技能以外，户主性别及年龄、受教育程度、是否村干部、家庭人口数、家庭非农就业比例等户主及家庭特征也会影响农民的生产知识技能。当然，不同地区的番茄种植水平可能具有较大的差异，笔者将设定区（县）虚拟变量以控制不同地区的影响。为了得出农民田间学校培训对农民生产知识技能提高的净效果，笔者在模型设定时主要把农户的家庭特征和地区虚拟变量等作为控制变量。

在第二个模型中，笔者主要考察生产管理知识对农药用量的影响。当农民

生产管理知识提高以后，其可能通过更科学的生产管理方式预防病虫害，进而减少对农药的使用。除了农民的管理知识技能以外，笔者预计农药价格对农药用量将会有显著影响，当农药价格很高时，农民可能更倾向减少对农药的使用。另外，不同的茬口和品种也会影响农民农药的使用量。当然，农户特征等变量也会影响农民农药用量的多少。同样，笔者将控制地区虚拟变量。笔者在考察农民生产管理知识对农药用量影响的时候，主要把农药价格、茬口、品种和农户特征以及地区虚拟变量作为控制变量。

在第三个模型中，笔者主要考察生产管理知识对番茄产量提高的影响。农民生产管理知识的提高意味着其生产管理经验变得更加丰富，生产管理经验越多，番茄的产量也会相应越高。除了农民的管理知识技能以外，不同的茬口和品种也会影响农民番茄种植的产量。农户特征等变量也会对番茄产量产生影响。笔者在考察农民生产管理知识对农民番茄种植产量影响的时候，主要把茬口、品种和农户特征变量作为控制变量。

三个模型分别设定如下：

生产管理知识 = f(田间学校，农户特征，地区虚拟变量，其他因素)

$$(2-1)$$

农药用量 = f(知识技能，农药价格，茬口，品种，农户特征，地区虚拟变量，其他因素)

$$(2-2)$$

番茄产量 = f(知识技能，茬口，品种，农户特征，生产投入，地区虚拟变量，其他因素)

$$(2-3)$$

由于农药投入变量为减少损失变量（农药投入与化肥、劳动等其他要素的投入不同，化肥和劳动等生产要素的投入可以有效提高作物的产量，而农药投入则是为了防止作物由于病虫害造成损失，因此，其随着农药用量的增加不会使作物产量增加，但会减少作物由于病虫害所造成的损失），因此，还用风险控制模型分别再估计以上三个模型。

二、农民田间学校对农业生产投入和产出影响的模型设定

笔者将分别设定三组模型来考察农民田间学校对设施番茄生产投入效果、产出效果和回报率的影响。

在第一组模型中，主要考察农民田间学校对设施番茄生产投入效果的影响。因变量为各种生产投入，包括资金投入、农药投入、灌溉情况、氮磷钾等化肥投入。与上面分析类似，农民田间学校变量将以三个虚拟变量表示。笔者最关心的变量是农民田间学校培训对各种生产投入的影响。除了农民田间学校培训影响农民的各种生产投入以外，户主性别及年龄、受教育程度、是否村干

部、家庭人口数、家庭非农就业比例等户主及家庭特征，以及茬口和品种也会影响农民的生产投入。当然，不同地区的番茄种植及投入水平可能具有较大的差异，在这里设定区（县）虚拟变量以控制不同地区的影响。为了得出农民田间学校培训对农民各种生产投入的净效果，在模型设定时主要把农户的家庭特征、茬口、品种和地区虚拟变量等作为控制变量。

在第二组模型中，主要考察农民田间学校培训对设施番茄生产产出的影响。因变量为番茄产量和农民种植番茄的净收入。同样的，农民田间学校变量以三个虚拟变量表示。笔者最关心的变量是农民田间学校培训对番茄产量和农民种植番茄的净收入的影响。除了农民田间学校培训影响农民的产出效果以外，户主性别及年龄、受教育程度、是否村干部、家庭人口数、家庭非农就业比例等户主及家庭特征，以及茬口和品种也会影响农民的产出效果。劳动力和机械投入，灌溉情况，农药用量，氮磷钾等各种化肥投入也会影响农民设施番茄种植的产出。笔者也同样将不同地区作为控制变量。为了得出农民田间学校培训对农民设施番茄种植产出的净效果，在模型设定时主要把农户的家庭特征、茬口、品种、生产投入和地区虚拟变量等作为控制变量。

在第三组模型中，主要考察农民田间学校对设施番茄资金回报率和劳动回报率的影响。因变量分别为资金回报率和劳动回报率。农民田间学校变量以三个虚拟变量表示。笔者最关心的变量是农民田间学校培训对资金和劳动回报率的影响。除了农民田间学校培训影响农民的资金和劳动回报率以外，户主性别及年龄、受教育程度、是否村干部、家庭人口数、家庭非农就业比例等户主及家庭特征，以及茬口和品种也会影响农民的这两种回报率。同样，笔者还将控制地区虚拟变量。为了得出农民田间学校培训对农民资金和劳动回报率的净效果，在模型设定时主要把农户的家庭特征、茬口、品种和地区虚拟变量等作为控制变量。

三组模型分别设定如下：

投入效果变量＝f（田间学校，茬口，品种，农户特征，地区虚拟变量，
其他因素）　　　　　　　　　　　　　　　（2-4）

产出效果变量＝f（田间学校，茬口，品种，农户特征，生产投入，地区
虚拟变量，其他因素）　　　　　　　　　　（2-5）

资金和劳动回报率＝f（田间学校，茬口，品种，农户特征，地区虚拟变
量，其他因素）　　　　　　　　　　　　　（2-6）

三、农民田间学校对农业环境友好型技术采用的影响模型设定

农民田间学校培训对农民的生产环境意识产生影响，进而影响到其对环境

友好型施肥和灌溉方式的采用。环境友好型技术的采用为虚拟变量，即农户如果采用了该技术，则为 1，否则为 0。对于因变量为二值变量的模型，可以采用最小二乘法、Probit 模型和 Logit 模型等方法进行估计，笔者后面将分析最小二乘法和 Probit 模型及 Logit 模型方法的区别。本研究采用 Probit 模型方法进行估计。设定本模型主要考察农民田间学校对农民环境友好型技术采用率的影响。因变量分别是环境友好型施肥技术和环境友好型灌溉技术。农民田间学校变量以三个虚拟变量表示。笔者最关心的变量是农民田间学校培训对环境友好型技术采用的影响。除了农民田间学校培训影响农民环境友好型技术的采用以外，户主性别及年龄、受教育程度、是否村干部、家庭人口数、家庭非农就业比例等户主及家庭特征，茬口和品种也会影响农民的这两种环境友好型技术的采用。同样，笔者还将控制地区虚拟变量。为了得出农民田间学校培训对农民环境友好型技术采用的净效果，在模型设定时主要把农户的家庭特征、茬口、品种和地区虚拟变量等作为控制变量。

环境友好型技术采用＝f（田间学校，茬口，品种，农户特征，地区虚拟变量，其他因素）　　　　　　（2-7）

第三节　实证模型估计方法

对于以上的分析模型，笔者分别用三种不同的方法进行估计。本研究首先用联立方程组模型估计农民田间学校对生产管理知识提高及生产管理知识对农民农药用量、番茄产量的影响。然后用单方程模型估计农民田间学校对农业生产投入产出效果及资金回报率和劳动回报率的影响。本研究最后用 Probit 模型方法估计田间学校培训对农民环境友好型施肥及灌溉技术采用的影响。

对简单的线性模型：

$$y＝\alpha_0＋\alpha_1 x_1＋\alpha_2 x_2＋\cdots＋\alpha_k x_k＋u \qquad (2-8)$$

使用普通最小二乘法估计，需要满足 4 个经典假设。首先，模型能设定成公式（2-8）的形式，即参数具有线性；第二，要使估计结果和模型总体参数一致，必须满足 $E(x'u)＝0$；第三，回归中的解释变量具有非随机性，并且解释变量之间无完全共线性；第四，随机扰动项 u 同方差，无序列相关并且服从正态分布。如果满足前面三个条件，那么最小二乘法的估计量将是无偏和一致的，如果还满足第四个条件，那么最小二乘法的估计量不但是无偏和一致的，还将是最有效的。

对于公式中 $x_j(j＝1, 2, 3, \cdots, k)$ 的系数 α_j，其最小二乘法的估计量可写为：

$$\alpha_j = \frac{\sum_{i=1}^{n} \hat{\gamma}_{ij} y_i}{\sum_{i=1}^{n} \hat{\gamma}_{ij}^2} \qquad (2-9)$$

其中，$\hat{\gamma}_{ij}$ 为将 x_j 对除了 x_j 以外的其他 x 回归而得到的 OLS 残差。

一、联立方程

如果模型中某个自变量和因变量之间存在相互影响，那么就会出现联立性导致的内生性问题，直接用最小二乘法估计会导致有偏差和不一致的估计。联立方程的方法相当于工具变量法，如两个模型存在联立导致的内生性问题，但是如果在第二个模型中的外生变量不包含在第一个模型的解释变量之中，那么该外生变量可以作为第一模型中内生解释变量的工具变量以解决联立导致的内生性问题。对于工具变量法，假设

$$y = \alpha_0 + \alpha_1 x_1 + \alpha_2 x_2 + \cdots + \alpha_k x_k + u \qquad (2-10)$$

满足

$$E(u) = 0, \; Cov(x_j, \; u) = 0, \; j = 1, \; 2, \; \cdots, \; (k-1) \qquad (2-11)$$

而 x_k 和 u 之间可能相关。也就是说，解释变量 x_1，x_2，$\cdots$，x_{k-1} 是外生的，而 x_k 可能是内生的。在这种情况下，普通最小二乘法的估计量将是有偏差和不一致的，联立方程或工具变量法可以解决该内生性问题。工具变量 z 必须满足两个条件，其一是 $Cov(z, u) = 0$，也就是说 z 是外生的，第二个条件是对于 x_k 在所有外生变量上的投影，也就是对于表达式

$$x_k = \delta_0 + \delta_1 x_1 + \delta_2 x_2 + \cdots + \delta_{k-1} x_{k-1} + \theta_1 z + \varepsilon \qquad (2-12)$$

来说，要满足条件 $\theta_1 \neq 0$。即 z 必须与 x_k 相关。合并以上两式可得

$$y = \gamma_0 + \gamma_1 x_1 + \cdots + \gamma_{k-1} x_{k-1} + \lambda_1 z + v \qquad (2-13)$$

其中 $v = u + \alpha_k \varepsilon$，$\gamma_j = \alpha_j + \alpha_k \delta_j$，还有 $\lambda_1 = \alpha_k \theta_1$。由上可知，通过工具变量法可以识别所有的 α（罗伯特 S. 平狄克等，1999；Greene，2003；Wooldridge，2002）。

二、Probit 模型

如果因变量是二值变量，采用普通最小二乘估计会导致异方差问题，这样估计结果将不是最有效的。另外，线性预测值有可能大于 1 或小于 0。对于因变量为虚拟变量的情况，一般采用 Probit 模型或 Logit 模型，本研究采用 Probit 模型，即对于 y 只取值为 1 或 0 的线性概率模型

$$P(y=1|x) = x\beta \qquad (2-14)$$

x 是所有解释变量 $(x_1, x_2, \cdots, x_i)$ 的简记。

可以推出

$$E(y|x) = x\beta \qquad (2-15)$$

可以容易地证明

$$Var(\varepsilon^2) = E(\varepsilon^2) = (1-x\beta)^2 x\beta + (-x\beta)^2 (1-x\beta)$$
$$= x\beta(1-x\beta) \qquad (2-16)$$

存在异方差问题。另外，笔者不能保证此模型得到的预测值在 0 到 1 之间。为了克服以上缺陷，笔者可以假定

$$P(y=1 \mid x) = G(x\beta) \qquad (2-17)$$

为了确保式（2-17）中 G 的取值介于 0 到 1，一般选择 Logit 模型或 Probit 模型方法，本研究采用 Probit 模型方法。即，G 是标准正态累计分布函数。Probit 模型可以从一个满足经典线性模型假定的潜变量模型（latent variable model）推导出来。

令 y^* 为一个由

$$y^* = x\beta + e, \ y = 1(y^* > 0) \qquad (2-18)$$

决定观测不到的变量或潜变量，并假定 e 独立于 x，而且服从标准正态分布，则

$$P(y=1 \mid x) = P(y^* > 0 \mid x) = P(e > -x\beta)$$
$$= 1 - G(-x\beta) = G(x\beta) \qquad (2-19)$$

这里 $G(x\beta)$ 为如下函数

$$G(z) = \Phi(z) \equiv \int_{-\infty}^{z} \phi(v)dv \qquad (2-20)$$

其中 $\phi(z) = (2\pi)^{-1/2} \exp(-z^2/2)$ 是标准正态分布函数，那么这一模型将变为 Probit 模型。对于这一类模型，可以使用最大似然法进行估计。由于给定 x_i 的情况下，y_i 的密度函数可写为

$$f(y|x_i; \beta) = [G(x_i\beta)]^y [1-G(x_i\beta)]^{1-y}, \ y=0, 1 \qquad (2-21)$$

两边取对数，可以得到第 i 个观测值的对数似然函数为

$$l_i(\beta) = y_i \log [G(x_i\beta)] + (1-y_i)[1-G(x_i\beta)] \qquad (2-22)$$

最大化 N 个观测值的对数最大似然函数之和可得到总体参数 β 的一致的最大似然估计值。

第四节　数据来源

一、样本选取

笔者首先对京郊植保系统开办的农民田间学校包含的作物种类进行了统

计，共涉及设施番茄、黄瓜、草莓、大桃、食用菌等 28 种作物，主要以附加值较高的设施园艺作物为主，这主要是由于这些设施蔬菜等园艺作物的种植条件复杂，问题比较突出，而且农户的经济收益可观，所有农户种植积极性和技术需求强烈。通过统计表明，在所有的农民田间学校涵盖的作物种类中，设施番茄农民田间学校村占到所有田间学校村的 28.1%，排在第一位，设施黄瓜村占的比重为 8.6%，排在第二位，整体上设施番茄农民田间学校所占比重占有绝对优势，而且也是京郊设施蔬菜种植面积中最大的作物种类，具有一定的代表性。因此，本研究选取的研究对象为设施番茄种植村农户。在区（县）的选择上确定顺义、通州、密云和大兴 4 个京郊设施蔬菜主产区（县），这 4 个区（县）是北京设施蔬菜主要种植区，而且在田间学校数量上在所有区（县）的平均数量以上，保证了具有足够的农民田间学校村和对照村样本。

根据 4 个区（县）提供的 2009 年春季和秋季已经结束的设施番茄农民田间学校村列表和 2009 年及以前从未开办过农民田间学校的设施番茄村列表，在参照各村设施番茄种植户数和种植规模基础上，进行随机抽样，抽取的 16 个样本村的基本情况如表 2-1 所示。从村庄抽样上看，农民田间学校村和对照村当年设施番茄种植规模和户均种植规模基本差异不大。

表 2-1 调查村抽样情况

区（县）	村　名	设施番茄种植户（户）	平均每户棚数（个）	村庄类型
大兴	榆垡镇香营村	103	2	田间学校村
	榆垡镇求贤村	350	2.1	田间学校村
	庞各庄镇东梨园村	80	2	对照村
	庞各庄镇四各庄村	160	2.5	对照村
密云	河南寨镇荆栗园村	100	1	田间学校村
	河南寨镇套里村	50	1	田间学校村
	河南寨镇圣水头村	30	1	对照村
	河南寨镇中庄村	10	1	对照村
顺义	北务镇王各庄村	210	4	田间学校村
	北务镇陈辛庄村	130	4	田间学校村
	北务镇道口村	110	4	对照村
	北务镇东地村	80	4	对照村
通州	潞城镇七级村	40	1.5	田间学校村
	宋庄镇大兴庄村	40	1.5	田间学校村
	潞城镇南刘村	280	3	对照村
	潞城镇前瞳村	70	2	对照村

注：资料来源为笔者调查。

在所选确定的区（县）分别随机选择两个农民田间学校村和非田间学校村进行调查。在调查时如果所抽取的农民田间学校样本村学员户超过 20 个，随机选择 20 户，如果非学员户少于 20 户，则全部调查；同时，为了比较学员户与非学员户之间的差异，在所选择的田间学校样本村也随机抽取非学员户 20 户（对照Ⅰ）进行调查，如果非学员户少于 20 户，则全部调查，农户抽样情况如表 2-2 所示。另外，考虑到同一个村学员户与非学员户之间存在着技术信息的扩散现象，在调查时，分别在农民田间学校样本村的附近选择出与该样本村基本情况类似的非田间学校村作为对照村（对照Ⅱ）进行调查。同样在这些样本村分别选择 20 个种植设施番茄的农户作为样本农户进行调查（如果种植设施番茄的农户少于 20 户，则全部调查）。对所抽取的样本户，如果种植的品种大于两个，随机抽取两个品种（或设施）进行调查；否则调查一个品种（或设施）进行生产情况的调查。

表 2-2　农户抽样情况

区（县）	所在镇	所在村	农户数（户）			
			合计	田间学校村学员户	田间学校村非学员户	非田间学校村农户
密云	河南寨镇	套里村	29	20	9	
		荆栗园村	29	20	9	
		圣水头村	18			18
		中庄村	5			5
顺义	北务镇	王各庄村	37	25	12	
		陈辛庄村	28	21	7	
		东地村	20		1	19
		道口村	21			21
大兴	榆垡镇	香营村	25	21	4	
		求贤村	36	22	14	
		小黄垡村	20			20
	礼贤镇	小刘各庄村	20			20
通州	宋庄镇	大兴庄村	26	17	9	
		七级村	22	21	1	
	潞城镇	召里村	14			14
		八各庄村	15			15
合计			365	167	66	132

注：资料来源为笔者调查。

　　本次研究共调查了 16 个村的 365 户 435 个地块（品种），样本农户地块情况如表 2-3 所示，其中农民田间学校村，共调查了 8 个村的 233 户，279 个地块（品种），包括 167 个学员户的 200 个地块，和 66 个非学员户的 79 个地块（对照农户Ⅰ）；非农民田间学校村，共调查了 8 个村的 132 户，156 个地块（对照农户Ⅱ）。所调查的样本村覆盖所调查区（县）90％以上成规模设施番茄生产专业村。

表 2-3　样本农户地块情况

区（县）	所在镇	所在村	地块（品种）数（个）			
			合计	田间学校村学员户	田间学校村非学员户	非田间学校村农户
密云	河南寨镇	套里村	40	26	14	
		荆栗园村	33	23	10	
		圣水头村	18			18
		中庄村	7			7
顺义	北务镇	王各庄村	44	30	14	
		陈辛庄村	34	26	8	
		东地村	21		1	20
		道口村	26			26
大兴	榆垡镇	香营村	31	26	5	
		求贤村	45	28	17	
		小黄垡村	28			28
	礼贤镇	小刘各庄村	25			25
通州	宋庄镇	大兴庄村	28	19	9	
		七级村	23	22	1	
	潞城镇	召里村	16			16
		八各庄村	16			16
合计			435	200	79	156

注：资料来源为笔者调查。

二、调查设计及过程

　　调查采用问卷访谈的方式进行。首先在相关专家的帮助下对问卷进行了多次的讨论和修改完善，并进行预调查，预调查主要是对通州区的设施番茄种植户进行了走访，主要在中国科学院农村政策研究中心胡瑞法老师和有经验的博士生参与下完成。在调查访问过程中，遇到问题随时提问，或者发现问题随时提出建议，并在技术上征求区（县）相关人员的意见，使问卷变得通俗易懂，同时也更加准确。

预调查涉及访谈时间的准确把握、重点内容的控制、提问方式、通俗化的语言表达方式、问卷中访谈难点，可能出现误导的问题、有争议或者歧义的问题，快速准确获取信息的技巧。预调查后，所有参加人员进行调查信息的反馈与汇总，总结容易出现的问题和取得的经验，在此基础上对问卷进行修改完善。预调查的开展也为正式调查参加人员的调查方法培训提供了基础，有利于提高培训的针对性，并获取高质量的调查数据。

参加调查的人员主要由中国科学院农村政策研究中心胡瑞法研究员、相关博士生，北京市植保站相关人员，以及来自中国人民大学、中央民族学院、中国农业大学等院校的研究生和部分本科生等24人组成。针对调查内容，首先对参加调查的人员进行了培训，并对重点问题进行了强调和答疑。调研小组一个区（县）一个区（县）地实施调查，到每个区（县）后，由区（县）植保站相应人员负责和村联络人的联系。笔者把调查人员分成2组，每组12人，一组负责一个村庄的调查。每天调查结束后，所有调查人员集中开会，讨论汇总调查中出现的问题。所有的调查人员2个人结对对调查的问卷进行检查，分别检查合格后，由每个小组的组长负责总体检查，检查不合格的问卷退回，由调查员本人负责联系调查户进行问卷完善。在调研的前两天针对调查中出现的问题，进行了培训，并统一了相关内容。同时，考虑到分析中可能应用的数据，对问卷进行了遗漏信息的增补。

三、调查的主要内容

为了完成本次调研的目标，根据研究整体思路和本研究的技术路线设定了本次调查需要收集的信息，并形成了最终的正式调查表。问卷包括两个方面的内容，一是农户基本特征和投入产出情况，二是农户意识与知识和技能测试。

农户基本特征和投入产出情况包含的内容主要有以下几个部分：第一部分是家庭成员基本情况，如与户主关系、性别、年龄、受教育年限、村任职情况、务农时间，以及离乡镇政府的距离和离农资销售点的距离、交通情况等。第二部分是家庭成员参加各种农业技术培训的情况，主要包括参加过哪些种类培训及培训次数，如设施番茄农民田间学校、科技入户技术试验示范现场观摩、专家授课技术、专家现场指导、新型农民技术、农村实用人才技术、农村远程教育、网络教室、科技赶集，以及科普宣传等培训形式。第三部分是设施种植情况，包括实际耕地面积、露地面积、设施面积、设施租用费用、家庭设施数量、种植蔬菜设施数量、种植番茄设施数量，主要种植作物和面积等，还包括参加农民田间学校前一年情况和参加田间学校后调查当季的情况。第四部分是设施番茄管理投入和产出情况，主要包括耕地、播种、灌溉、中耕除草、设施日常管理与维护、收获等环节的生产资料与用工投入，以及番茄总产量、总销售量和价格情况。第五部分为设施番茄施肥情况，主要包括施肥方式、施肥次数、施肥用工、施肥种类、施肥用量和费用等。第六部分是生长调节剂和农药助剂使用情况，包括使用次数、用工、使用种类、使用量和使用费用。第七部分是病虫害防治技术与投入，主要包括防治总打药次数、总农药用量、总农药费用，用药技术、防治对象、针对每种防治对象的用药种类、用药量、用药费用。第八部分是财产情况，包括调查户的房产和耐用消费品财产情况。

农户意识与知识和技能方面主要有两部分，第一部分是农民的态度与意识的考察，包括农户的配药习惯、用药习惯，以及相关措施决策情况。第二部分是农户的知识与技能考察，内容包括病虫害诊断、发生规律掌握、防治技术和农药使用等方面。

四、调查样本基本特征

调查样本的基本情况如表2-4所示。由表2-4可知，除田间学校样本村非学员户的人均固定资产和种植设施番茄年数低于学员户外，其余农户特征三组样本间几乎没有差异。表明本次调查的样本选择具有较强的代表性。而田间学校村非学员户比学员户的人均固定资产和种植设施年数要小，这可能与所调查样本村在田间学校村学员的选择上存在一定的误差。但这并不影响本研究对田间学校村学员和非田间学校村农户设施生产的对比。

表2-4 农民田间学校村农户与非村农户抽样与样本特征

	田间学校村学员户	田间学校村非学员户	非田间学校村农户
样本户数	167	66	132
家庭人口（人）	3.8	4.0	3.5
户主年龄（岁）	48.3	48.7	51.5
户主受教育年限（岁）	8.7	8.5	8.5
户主务农时间比例（%）	94.6	92.1	98.1
非农劳动力比例（%）	0.4	0.5	0.4
人均固定资产（万元）	10.2	8.7	13.6
种植设施番茄年数（年）	10.2	8.7	10.5

注：资料来源为笔者调查。

第三章 北京农民田间学校
模式构建

　　2005 年，在全国农业技术推广服务中心提供技术的支持下，北京市结合京郊产业发展现状，引进了农民田间学校开办的基本理念和基本原则，因地制宜探索了在都市农业发展背景下自主开办农民田间学校基本特征、要素构成、发展过程、发展特点、制度与运行等方面的设计，并提出了农民田间学校相关理论和创新点，构建了北京农民田间学校新型模式。"北京模式"成为北京市基层农业技术推广体系改革的主推模式，农业部科教司在总结"北京模式"的基础上，在全国进行推广应用。本章在农民田间学校进行实践过程中，重点提出了农民田间学校相关理论，并对北京农民田间学校新型模式进行研究和界定，为正确认识农民田间学校内涵和全国推广提供借鉴。

第一节　农民田间学校相关理论

　　农民田间学校在发展过程中，把多个学科与农业技术教育、研究和推广相结合，融成人教育学、心理学等多学科知识理论于农业技术推广中，使农民田间学校相关模式与方法得到了不断发展和完善。但理论研究严重滞后，影响了田间学校的持续和健康发展。为指导更多应用者深入理解和认识这一模式和内涵构成，本节在对农民田间学校本质进行深入剖析的基础上，研究提出了农民田间学校相关理论，包括乡土知识理论、经验分享理论、实践学习理论和外部协整理论，这是对成人教育理论和参与式理论的一种深化和发展。农民田间学校相关理论贯彻在农民田间学校活动的方方面面，这些理论原则是指导农民田间学校发展和预期目标实现的重要基础，也是指导农民田间学校持续开办的原则。

一、乡土知识理论

　　农民是具有创造能力的群体。农民不仅是农业生产技术的直接应用者，也具有很强的创造能力，他们在生产中积累了丰富的实践经验与生产管理知识，并能结合自己的生产实际对原有技术进行本地化的创新与发展，从而形成更加适合当地条件的"小窍门",即乡土知识。同时,农户个别性知识和技能(乡土知识)具有传承性,不同的农户尽管从表面看管理的技术和措施都是一样的,但种植农作物的产量和品质却千差万别,这主要是不同农户的管理知识和技能存在个体差异,而且这种知识和技能在个别农户家庭和部分农户家庭得到传承应用和发展。地方性的知识和技能具有的传承性,在生产实际中,不同村或不同区域内部的种植水平差异不大,其之间存在较大的差异的现象,主要是由地方性知识和技能的传承引起的,每个区域都分别传承了原有的管理知识和技能。

不同农民种植管理的作物放在一起就是一块很大的试验田,不同的田块管理措施有差异,导致产量和质量水平同样存在差异。通过发现农民田间学校学员中管理水平高的种植能手,以及他的种植管理经验和其他农户的对比和总结,就是比较适合当地生产实际的农民乡土知识,通过这样的活动,农民田间学校总结出了很多农民经验窍门,在农民掌握的同时,技术人员也得到了掌握,并通过技术人员在更大范围推广应用。

二、经验分享理论

学习是一个经验分享的过程。交互与合作的学习过程可以激发学员的好奇心、开发学员的潜力和创造力。随着学员深入参与到学习合作过程中,他们通常同时发展出更坚实的自我认知能力,他们开始意识到自己的价值,能够与他人分享经验与教训,也能从他人身上学习到很多有用的东西。他们开始意识到可以将自己的经验与他人分享,也需要从其他人那里学习自己不了解的知识。通过团队成员之间交流的方式对问题进行定义和描述,激发团队产生创造性的答案,也能使团队在项目实施等方面更加紧密地合作。

一般来说,农民会将他们学习到的知识告诉其他农户,但问题是仅仅由他们个人单独地交流是否足以能让其他农民理解。同区域内不同农民或不同区域的农户之间生产知识和技能存在差异,如果没有一个交流和学习的平台农户是无法知道的,或者虽然了解也不会应用。农民田间学校提供了一个交流和学习的平台,农民田间学校根据作物全生育期,通过定期组织讨论作物生长与管理情况,分析存在的问题,并在实践中一起动手,真正使个别农民得以传承的乡土知识在更大范围内得到分享与应用,从而提高技术的推广采用率。通过借助田间学校之间的交流,或者辅导员对农户个别乡土知识的总结并在其他田间学校示范应用等机制,使地方性的乡土知识和技能在更大区域得到采用,通过这种经验分享与传播机制能使农民整体种植管理水平得到大幅度提高。

在农民田间学校活动中,通过分小组的农民讨论、学员代表汇报和头脑风暴等活动，激发了农民对自我管理知识和技能的深刻思考、对比分析与总结，这个过程是对原有乡土知识的提炼、放弃、消化吸收的过程，这些活动能有效地激发优秀农户的表现欲，有利于调动农民围绕问题展开有针对性的争执、辩论，从而总结出比较科学实用的本土化知识，并使更多学员理解、接受和应用，这是大课堂培训达不到的。

三、实践学习理论

学习是一个复杂的过程，需要经历4个阶段，如图3-1所示。第一阶段：参与试验或活动，从实践中学习，试验或活动一开始，学习就开始了。第二阶段：新知识和经验是通过回顾和记忆将已有知识和技能与新观念进行分析比较而获得的。第三阶段：新的知识和技能将会通过学习

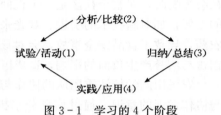

图3-1 学习的4个阶段

者使这些知识和技能与自己的生产生活联系起来，也可能通过与别人分享这些知识和经验，而真正吸收成为自己的知识和技能。第四阶段：当这些新的知识和技能能够应用于新的环境时，学习者又获得了新的知识和经验。成人一般是在自己具备一定知识和经验的背景下吸收新知识、新信息和新技术的，所以对新知识和新技术的接受过程也是对原有生产习惯的比较、反思和舍弃的过程，成人思维习惯的固化也是造成农业技术推广难的主要原因之一。同时，理解和应用之间仍然存在很多环节，尽管有时候听者对新的信息理解而且接受了新知识和经验，但当应用起来时仍存在眼高手低的现象，或者使技术应用效果大打折扣，难以起到应有的效果，这是造成农业技术推广不到位的核心问题。

基于实践学习的核心是为受训农民提供机会，调动农民参与，使他们能简单明了地陈述相关问题，从而进行观察、分析，自己得出结论。农民田间学校强调通过实践参与学习，以及通过技术应用与效果评价过程参与学习，并与自身的生产和生活活动相联系，强调的不仅仅是知识和信息的获取，更重要的是获取的过程，在这个过程中，通过与自己生产实践活动的联系、对比分析来发现问题，掌握技术应用的方法，有效提高技术推广的采用率。农民田间学校开展的实践学习活动有农民学用科学实验、农业生态系统分析、演示性试验、昆虫园和病害圃等。

四、外部协整理论

外部性是某个经济主体对另一个经济主体产生一种外部影响，而这种外部

影响又不能通过市场价格进行买卖的情形，外部性可分为正外部性和负外部性。农民一家一户生活在村级社区中，是这个社区独立的经济主体，每个主体都拥有对其他主体发展有利的信息或技术，或者不利的信息或技术。这种不利或有利对其他的农户存在负面或正面的影响。外部协整就是通过协调整合有益的因素使社区农户取得最大化收益，并使损失降低到最小化的过程。

农户生产投入和产出分析也是社区活动中的重要组成之一，当一个农户掌握了有益的信息和技术，并应用于生产，在产品产量或品质等方面具有较大的社会影响时，对整个社区是一个正面的宣传，提高了知名度，将带动社区产业的发展，如对新技术的引进、观光采摘和品牌创建等。当一个农户使用了高毒农药，导致了食品安全事故，会对该社区，甚至整个产业的其他农户的生产、销售与信誉产生负面的影响，造成巨大损失。

农民田间学校注重团队的协作与发展意识以及能力的建设，提高信息分享与协作发展的意识。通过信息分享提高整体能力，在作物管理上采取集体行动，共同创建社区品牌，推动社区协同发展。农民学员对社区其他农民的辐射带动应该像在一个平静的水面溅落一滴水珠所产生的同心波一样：从参加培训的学员影响到他们的家庭，到他们的邻居，到同村的其他农户，再影响到本乡镇的其他村组。受过培训的农民学员到所在的社区担当起交流与传播者，负责传播新知识、新技术，组织开展交流活动。当农民团队在社区非常有效地发挥作用时，农民的组织化程度就提高了，在疫病防治、流行性病虫害防治、农资购买、农产品销售等农业生产的各个环节，农民会体验到集体行动带来的好处，进而将这种信息、思想传递给更多的农民，与他们共享成功的经验，使集体行动的益处得到更广泛的传播，社区农民组织的吸引力得到进一步增强。

第二节　北京农民田间学校基本特征

一、农民田间学校主要特点

农民田间学校是一种典型的参与式农民培训方式，农民田间学校与普通参与式培训的不同之处主要体现在学员的特殊性上。农民是直接从事农业生产的劳动者，他们整日与泥土打交道，与土地有着天然的联系，储备有丰富的乡土知识和实践经验，并且具有极强创造性。因此，农民田间学校培训与传统的学校教育和成人教育存在极大的差异，是"帮助成人学习的艺术和科学"。农民的知识来源不是依靠书本阅读和教师传授，而是在不断摸索和实践中逐渐积累的，由于培训对象本身具有极强的实践性和动态性，对其开展培训不应采用课堂式的封闭式培训，而且课堂式的讲授往往是对农民耐力的考验。农民田间学校就是针对农民自身的特点开展的一种技术培训活动，这种培训根据农民丰富的实践经验，通过学习者全方位的参与使学员的潜在智力资源得到开发，实践证明农民田间学校相比以往单向的课堂教学更加富有实效。

农民田间学校始终强调以人为本，并且立足农业生产实际的需求，采取非正规教育将知识技能传授给农民，利用多种形式让农民在活动中做"科学研究"。农民田间学校有以下几个特点：

（1）农民田间学校强调以农民为中心。农民田间学校工作对象不是"技术"而是"人"，不是强行让农民接受技术，而是考虑他们需要什么，如何让他们产生接受的意愿，以及他们是否将其付诸实际生产。在农民田间学校中，参与主体的角色发生的转变，辅导员只起"导演""主持者""协调者"的作用，其工作目的在于引导、启发农民自己发现、分析问题并进行决策。

（2）农民田间学校以田间为课堂，没有教室。农民的学习场所在田间，通过田间生产实际的观察、分析、比较技术应用和效果评价，这种对现实生产环境的观感和参与能够让农民更深地融入教学活动当中，农民田间学校调动农民在田间亲自动手实践，不但使技术能深刻烙印在农民心中，而且农民参与效果评价，一旦效果好能马上应用。这个过程使农民感受到自己在培训中的主体角色，增加了学习主动性，提高了技术采用率。

（3）农民田间学校强调通过实践学习。农民田间学校的培训内容都是基于农民生产中的实际问题，辅导员引导农民开展科学研究，学员主动参与到贯穿生长季的实践活动中，并在实践中进行学习、分享经验，依靠自己的力量寻找问题的答案。过去的经验告诉笔者，如果使农民连续几个生长季节参加农民田间学校，那么他们自己就可以持续开展学习，解决社区所面临的问题，并主动将知识传播到整个社区。

（4）农民田间学校最终目标是培养新型农民。农民田间学校的培训重点在于农民通过能力建设开始具有自主决策的能力，可以依靠自身的决策构建社区发展机制。农民田间学校本身是一个动态的概念，因为农民的生存环境是动态的，农民需要在生活中对动态的环境做出种种回应，因此培养农民的分析决策能力至关重要，只有具备了这种能力，农民才有可能积极主动回应动态的自然、社会环境，避免始终处于被动的地位。

从这些特点可见，农民田间学校是对原有传统室内培训的突破，并且具有很强的创新性。和传统的技术培训相比，农民田间学校参与式培训在参与主体、农民意愿、活动内容设计、组织方式、学习方式、沟通模式等12个方面存在不同，表3-1中进行了详细的比较说明。

表3-1　农民田间学校与传统培训比较

项目	农民田间学校（培训对象为中心）	传统培训（培训者为中心）
参与主体	农民	教师或技术专家
农民意愿	农民参与讨论和沟通，意愿能全部表达	农民不能充分表达意愿
设计思路	以农民生产存在的实际问题为辅导内容，自己动手调查、分析、制作课件	制作固定内容的教材，聘请老师讲课、田间观摩与咨询
组织方式	以村为活动单位，农民自愿、自发组织，上级支持，辅导员每周一次辅导	有关市区（县）、乡村领导有组织地开展50～200人的集中培训、讲课或咨询
学习方法	与学员互动启发	专家讲授
沟通模式	双向沟通	单向传递
对农民的态度和基本评价	友好平等，没有歧视	严格被动
与对象的关系	平等	重师德尊严、权威
目标导向	以农民需求为导向，重视过程和结果	以专家判断为导向，只重视结果
推广结果	农民由最初的被组织或自愿参与活动，逐步表现为自发地组织活动，独立分析解决问题能力和团队意识得到了增强	农民依赖专家，独立分析解决问题能力未得到有效的提升，农民团队意识、带动、自发组织意识弱
效果评估	农民票箱测试、成果展示、考核评优	缺少对农民培训效果的考核评估
可持续性	农民角色由单纯的受体，演变成了技术、信息的再传播者和组织形式的延续者	固化了农民的受体地位，农民自我发展和技术扩展技术能力弱

二、农民田间学校知识传播体系

在知识和技术传播体系运行方面，农民田间学校由传统的以技术为主线转变为以人为主线，在运行上建立稳定的传播体系，体系最高的一个层级是培训专家，培训专家既掌握丰富的专业技术实践知识与技能，又懂农民田间学校参与式工具和方法，培训专家负责培训高级辅导员。为了保证农民田间学校能够在基层成功开展，需要对辅导员进行专门培训。一方面希望辅导员能够掌握并熟练应用参与式工具，使"参与"的理念首先传递给他们；另一方面希望辅导员能够通过办学发现并培养农民辅导员和示范户，从而实现可持续办学。同时，通过培养的科技示范户或农民学员在社区发挥辐射带动作用。在农民田间学校的知识和技能传播体系中，很多上一层级培训的方式和方法可以通过分享照搬到下一层级应用，构建成知识"传销"体系。

　　整个项目开展过程中，真正的参与者主要是辅导员、学员和非学员，辅导员通过培训学员来传递知识并发现农民辅导员和示范户，由农民辅导员再去带动和影响非学员，整个过程的目的就是通过技能传递将辅导员的办学活动逐渐从上游传递到社区，并内生为社区的集体活动。农民田间学校的知识和技术分享与传播过程如图3-2所示。

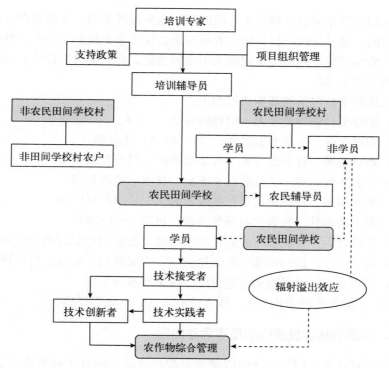

图3-2　农民田间学校的知识和技术传播过程

第三节　北京农民田间学校要素构成

　　组织农民田间学校时，首先要召开一个由村干部和当地农民参加的准备会议，使当地社区了解将要实施的培训活动。农民田间学校地点的选择对田间学校成败起着重要作用，一般根据初步的农民需求调研，评估地点选择的可行性，地点选择一般要遵循以下原则：①"一村一品"优势农产品生产区域；②当地农户生产上存在突出问题或其他需求；③农户主要收入来源以第一产业为主；④村镇干部支持，并能提供培训学习活动场所。

农民田间学校的学员选择是开放的，主要遵循自愿参加的原则，为了保证对农民有吸引力，而且能够实现预期的培训效果和目标，一般应满足以下原则：①遵循自愿参加的原则；②学员必须是当地种植户；③能够保证系统参加培训；④学员本人有技术需求。

一、农民田间学校的基本要素

农民田间学校围绕作物全生育期的田间地头开展培训，每周培训一次，每次半天时间。通过每周一次在固定的场所聚会这样非正规的学校中，分析、讨论他们的农事措施，然后决定应该采用哪种措施，并开展效果评价，每所学校活动大约持续14周。

农民田间学校包括的基本要素如下：

(1) 辅导员。辅导员1人，助理辅导员1~2人。

(2) 农民学员。一般有农民学员25~35名，人员固定。

(3) 培训场所。有农民开展学习活动的固定场所和基本条件。

(4) 试验场所。有一块开展科学实验、技术示范展示田。

(5) 学习周期。在作物从播种到收获的全生长季开展活动。

(6) 农民活动日。开展学习辅导活动，每次2~4小时。

(7) 培训计划。开展参与式农民需求调研，根据问题制订培训计划。

(8) 效果评估。进行训前训后票箱测试、农民评估、辅导员自我评估等。

(9) 成果展示。活动结束时进行学习成果展示与汇报。

(10) 开学典礼和结业典礼。体现政府重视，增加责任感。

二、农民田间学校课程的基本活动内容

根据培训计划，围绕农民的需要和兴趣展开活动的日子称为农民活动日。活动日针对主导产业全年开展学习活动，一般根据农业生产规律每一到两周组织一次活动，每次活动持续半天时间。传统的培训仅仅局限在农业技术本身，而农民田间学校培训使培训对象参与技术应用和效果评价的全过程，不但使农民掌握了技术，而且明白技术应用的前因后果，贯穿对农民发现问题、提出问题、分析问题和决策能力的培养。因此，活动日实施要始终贯穿"以农民为中心"的原则，调动农民在参与的过程中培养能力，要突破专业技术和传统思维的局限，突破传统的填充式培训内容和模式，采用参与式、启发式、互动式的培训方法，才能达到预期效果。农民田间学校每次课的培训活动根据需要选取合适的主题和培训方法。

一般每次课的基本活动内容包括以下6个方面：

（1）介绍本次内容和要完成的活动，全体学员达成一致（5～10 分钟）。

（2）农业生态系统分析（AESA）（45～60 分钟）。

（3）团队建设活动或游戏（20～30 分钟）。

（4）农民专题讨论（30～40 分钟）。

（5）农民学用科学实验（45～60 分钟）。

（6）回顾和评估本次培训效果，计划下周活动内容（10～15 分钟）。

三、农民活动日的主题活动

农民活动日的主题活动主要包括以下 4 个方面：

（一）农业生态系统调查与决策

传统田间病虫害防治的决策采用经济阈值的方法，在经济阈值考虑的影响因子是病虫及其相关因素，而且很难为农民所用。而农田生态系统调查与决策强调通过综合考核作物、环境、天气等多种因素进行分析决策。通过每次上课学员提出问题，到提出假设，到设计验证方案并决策实施，到田间调查观察实施效果，到对数据进行分析比较，到评估效果，到再次提出新的问题，每次一个循环周而复始的活动，提高农户综合素质与能力，贯穿的是学习循环（图 3-3）的理念，有利于系统思维培养与可持续发展能力培养。生态系统调查的基本过程如下。

（1）农民下田调查。坚持每周下田调查，定期的田间观察与分析是做有信息依据决策的核心。通过引导学员下田，使他们具备科学调查、全面观察能力和基于调查结果提出问题的能力。

（2）数据整理与分析。调查后，分小组在大白纸上绘制作物生长图，分析有利作物生长和不利作物生长的因素，并形成决策。作物整个生长情况的可视化增强农民学员对作物生长因素的认识和理解，能够集中对小组感兴趣的话题展开讨论，在这个过程中，培养其绘图能力、分析能力、综合能力和决策能力。

（3）小组汇报交流。由组内的一名学员进行汇报交流调查、分析过程和决策结果，由农民登台汇报经验和见解的学习方式，主要基于对农民几十年实践经验和丰富的实用技术的肯定和挖掘。分歧内容随时在农民学员间进行交流比较，登台汇报交流的过程可以培养农民学员的交流表达、聆听和综合能力，鼓励分享成功经验，培养农户自信心。

（4）辅导员分析点评。针对存在的差异，辅导员引导思考分析，激起思想和观点的碰撞，这个过程也是农民改变传统习惯和新的观点确立的过程，最终农民学员归纳总结出哪些措施和技术是不可取的，哪些是需要改进的，哪些是可以应用的,哪些是最优先采用的,制定出针对当前田间情况的管理措施。

(5)共同决策田间实施。管理决策形成后,由学员负责根据决策结果在试验田实施,自主开展调查,分析决策实施结果,评价所使用的技术的效果,这样一方面规避了某一技术或措施可能对农民生产带来的风险,另一方面使一些成熟的技术和措施能够很快地在当地社区得到推广应用。通过在辅导员引导下农民自己做决策,到田间实施,到结果评估这样学习循环的多次强化锻炼培训,以后可以开展一些自我解决问题的研究活动。

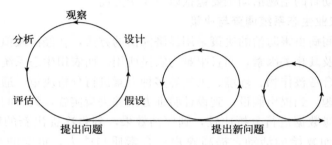

图 3-3　学习循环

(二)农民专题讨论

专题讨论是为更深入探讨与农业生态系统、作物生长发育、农事操作和农业经营管理等方面的知识与技能而开展的。辅导员可以根据出现的具体问题、农民兴趣与期望选择相应的专题。专题的内容和形式多样,可以是生产生活方面的,如产业发展、经营管理、农民合作组织、电脑、英语、食品安全、卫生与保健、流行性疾病预防、子女教育等各个方面,只要农民感兴趣就可以进行;专题形式不拘一格,主要是有利于农民理解和接受,为他们所欢迎,可以是学员之间的交流讨论、游戏活动、专家讲座、观看小影片、知识竞猜、演示性试验等多种手段。

专题讨论的有效性主要基于农民每个人的经历不同,其思想和观点存在很大的差异,在辩论中通过思想的碰撞发现真理或最优的农事管理措施、技术,使农民印象深刻,而且都是身边的事例,具有说服力,能够直接影响身边其他人的行为。

(三)农民学用科学实验

农民田间学校里都要开展农民学用科学实验活动,所有学员的学习都是从解决问题的活动开始,为了帮助农民解决迫切需要解决的问题,或者使他们主动改变过去的习惯性错误做法,辅导员要带领农民学用科学实验。前期可以在班级中选择表现比较优秀的学员带领其他人在试验田中进行试验；后期培训中鼓励农民学员在他们自己的学习田块中开展试验研究，辅导员给他们提供必要的信息和技术方面的支持帮助。通过参与试验全过程，培养设计解决简单问题的方案的能力，并使学员养成定期观察、记录习惯，通过科学的分析方法得出有效的结论，不断扩充学员的知识和技能。

农业推广扩散是决定农业科技成果转化的关键环节，在农业技术推广中农民对技术采用的过程包括三个环节：一是懂没懂，即是否理解培训者讲解的内容；二是会不会，即是否掌握了技术应用的操作要点；三是用没用，即是否在生产实际中采用，这取决于听者是否看到该项技术比当前其正在应用的技术具有优越性，传统的技术培训仅仅局限于懂没懂的层次，事实是这三个层次哪一个出现问题都影响到技术转化为生产力。农民参与学用科学实验的过程和效果的评价，当效果评价好时，能直接把掌握的技术在生产中应用，显著加快科技成果转化。传统的课堂培训或集中培训很容易使技术停留在听得懂的阶段，从来没有人关心会不会用或有没有用，这也是造成当前农业技术推广最后一公里问题存在的主要原因。

（四）团队建设活动

团队活动有助于提高团队的凝聚力，以及团队解决问题的能力和组织能力，激励团队成员的协作精神，开发他们的创造力。另外，团队活动还可以活跃气氛和振奋学员，增强村民集体凝聚力和协作发展意识。活动一般是由辅导员先介绍，解释要开展的游戏规则和步骤，或者是提出挑战性问题，让大家想办法解决。辅导员应该仔细观察团队活动的过程以及学员们的反应。在活动结束时，学员们应该对游戏开展讨论，包括游戏的过程和可能的结果，活动中有什么感受。然后大家一起得出结论，从游戏中可以学到什么。

团队游戏的设计是为了通过体验明白道理，或者培养协作的意识，主要是为了实现社区的协作发展目标服务。如植物病虫害综合治理，只有在一定的种植区域内采取统一行动，才能有效地发挥作用。因为当在一个小型农户田块中实施有害生物综合治理措施，而其邻居仍在无限制地大量使用化学农药，就不可能使目标田块实现农业生态系统的稳定。同时，也是当前农民"一家一户"分散种植经营的局面下抵御"大市场"的需要，因为一户农民很难在生产资料的采购上有与商家谈价的筹码，因此，统一采购、规模化种植和品牌创建等市场共建活动需要协作。农民田间学校不但给了农民技术和分析、解决问题的方法，而且通过小组、团队活动培养了一批优秀的学员群体，并选拔农民带头人进行重点培养，带动大家共同发展致富，共建和谐社区。

第四节 北京农民田间学校发展设计

京郊都市农业的发展受到发展空间和资源的约束越来越突出，传统的农业技术推广模式又难以满足当前科技创新与推广的需要，推广体系创新成为必然而紧迫的选择。农民田间学校在国际和国内的先期探索和实践为北京提供了新的选择，但农民田间学校缺乏在都市农业背景下的办校经验，也没有现成模式可以借鉴。2004年，在全国农业技术推广服务中心指导下，北京市首次引进并举办了以蔬菜作物为主的农民田间学校，根据京郊农业生产现状和农民技术需求，在以农业为主的9个远郊区（县）围绕当地优势主导产业开办农民田间学校。

从2005年启动到现在，农民田间学校经历了3个明显的发展阶段：一是引进探索与发展阶段（2005—2007年），主要是从植保行业培养师资，引进探索办校模式，并向多个行业推广起步阶段；二是规范管理与推进阶段（2008—2010年），主要是探索师资培训与管理，制定了初级、中级和高级辅导员培训大纲，并按照大纲实施培训与资格管理，农民田间学校开办规范与质量控制，完善了农民田间学校开办程序、开办标准和质量控制指标，编写了培训教材；三是质量提升与推广阶段（2010年至今），从政策上推动开办农民田间学校上升为推广单位职能，以区（县）政府为主导，市级提供技术支撑全面推广普及，并为农业部在多个省份的推广提供技术专家支撑和经验分享。

一、引进探索与发展阶段

（一）植保行业引进与探索阶段

2005年6月1日，北京市植物保护站在延庆县启动了北京市首个农民田间学校辅导员培训班和首所农民田间学校，联合国粮农组织专员 Elske 女士出席，标志着农民田间学校正式在北京启动。针对培训时间短、专业知识与技能补充不足的问题，在辅导员的选拔上主要选择各单位的技术骨干，他们具备较强的组织、掌控、交流、表达能力，并且热爱农业技术推广工作。在师资培养上，借鉴 FAO 模式，结合实际情况进行了改进发展，通过集中培训和分散实践培养辅导员的综合素质与技能，针对操作性强的特点，开办了3所探索性农民田间学校，坚持在办中学习，在学习中实践，在实践中总结提升。在历经3个多月，累计23天集中实践和学习活动后，全班来自9个区（县）和攀枝花市的26名辅导员顺利结业，结业的培训班学员基本掌握了农民田间学校的基本原则和理念，并获得了由全国农业技术推广服务中心和北京市农业局联合颁发的毕业证书，为在北京更多区（县）、更多作物上开办农民田间学校奠定了师资力量基础。

　　首期辅导员培训班开办的同时，先期开办了 3 所探索性农民田间学校，2005 年 6 月 1 日，延庆县永宁镇前平房村西兰花农民田间学校举行开学典礼，共 39 名学员参加。2005 年 6 月 14 日，延庆县康庄镇小丰营村圆白菜农民田间学校正式开班，24 名学员参加培训。2005 年 6 月 23 日，延庆县康庄镇东官坊农民田间学校正式开办，共 22 名学员参加。通过 3 所探索性学校为辅导员培训班学员提供实操锻炼，提升了辅导员的实操能力，同时探索总结出了地点选择、学员选择基本条件，以及办校基本流程。首期辅导员培训班在经历一个作物生长季培训结业后，选拔优秀辅导员建设示范性农民田间学校。针对出口菜、有机草莓、食用菌、生菜、西甜瓜、番茄区（县）优势主导产业，共在 9 个远郊区（县）相继开办了 10 所示范校，培训农民学员近 300 人。通过示范校开办和观摩活动锻炼了辅导员实践技能，进一步在示范性学校建设中完善、总结办校模式和方法，组织编写培训材料。开办初期，农民田间学校得到了多个层次、多个行业专家和领导，以及新闻媒体的关注，这些关注和重视使更多的人认识和了解了这一新生事物。

（二）多个行业发展引进与探索阶段

　　2006 年 7 月 21 日至 31 日，北京市植保站承办了首期多个行业参加的农民田间学校高级辅导员培训班，重点是为市级管理与行业部门培养高级师资，来自市级的栽培、土肥、植保、农机、畜牧、水产共 6 个行业 14 名技术骨干和植保系统的第一期参加培训的 17 名学员参加了本次培训。市级 6 个行业的辅导员分享了植保系统辅导员开办第一期农民田间学校的经验与体会，并掌握了参与式推广方法，为多个行业培养了"种子"，这为农民田间学校方法理念的多行业推广应用奠定了师资基础。第一期师资的再培训使他们在交流分享经验教训的基础上，对参与式培训工具和培训方法进行了提升培训。随后，市农业技术推广站和市畜牧兽医总站各自举办了本行业的农民田间学校辅导员培训班，但对培训课程均进行了改良、推广，土肥、畜牧和水产等行业的技术人员参加了培训，为区（县）培养了第一批辅导员师资。辅导员培训班的多次举办，探索制定出了适宜北京农民田间学校辅导员培训的课程内容大纲，为辅导员的规范培训奠定了基础。

　　多个行业引进发展农民田间学校，2006 年 8 月 28 日农业技术推广站系统开办了通州区永乐店镇大务村番茄农民田间学校，2006 年 8 月 2 日畜牧兽医系统开办了昌平区百善镇肉羊农民田间学校，2007 年 2 月 6 日土肥系统开办了顺义区李遂镇沿河村甜瓜农民田间学校，2007 年 5 月 17 日，水产行业开办了房山区石楼镇吉羊村水产养殖农民田间学校，更多行业农民田间学校的开办标志农民田间学校模式的拓展在京郊迈出了新的一步，此后这些行业新培养的辅导员围绕当地的优势主导产业陆续开办了一批田间学校。通过先期田间学校的开办，在实践中锻炼培养辅导员的同时，各行业探索了行业内开办田间学校的经验和做法。

（三）发展模式基本成熟阶段

2006年9月3日至30日北京市植保站与中加农业发展项目北京办公室联合举办了农民田间学校高级辅导员培训班，并于2007年6月2日至12日举办了再培训班，在为北京培养高级师资的同时，也为中西部省份培养了25名师资。为了满足农民田间学校数量增加的需要，北京市植保站于2007年10月9日至16日，在延庆举办了初级辅导员培训班，并探索了开办初级、中级和高级辅导员师资培养模式与内容大纲，初步制定了辅导员分级培训的培训大纲。截至2007年底全市5大行业共举办辅导员培训班11期，培养辅导员200余名。植保行业先后建设食用菌、番茄、奥运特供菜等30余所示范带动能力强的农民田间学校，植保行业农民田间学校带动肉鸡、生猪等60余所农民田间学校陆续开办。11期辅导员培训班和100余所田间学校的成功开办为加速推进农民田间学校在京郊的开办做好了技术上的准备。同时，为湖南、湖北、新疆等中西部省份培养辅导员师资50多名，带动了周边省份的农民田间学校起步。

北京市农业局和北京市植保站在农民田间学校试行成功的基础上组织相关人员制定管理办法，探索发展长效机制：一方面组织有关人员讨论制定农民田间学校建设项目管理办法及实施细则，规范程序、内容、行为并及时开展评估与监督工作；另一方面，组织召开农民田间学校发展研讨会，市、区（县）农委，种植、养殖中心，以及技术推广部门180多人参加会议，按不同层面、不同职能、不同专业等分成6个小组现场问卷调查，掌握了不同单位对田间学校作用的认识与看法、制约发展的关键问题和采取的对策。

2006年11月8日，北京市副市长牛有成到昌平区兴寿镇麦庄村有机草莓农民田间学校观摩调研指出，农民田间学校是调动农民主体积极性上取得的破题性成果，要求总结经验，加快推广。牛有成副市长的充分肯定为田间学校的加快发展提供了机遇。同时，制作了北京市农民田间学校系列宣传片，分别是《种子里的学问》《防治植物癌症》《叶子为何焦了边》《猪妈妈坐月子》《治疗转圈羊》，并于2007年3月12日在科技苑栏目播放，提高了田间学校的知名度，扩大了新型农民培养工作的影响力。

二、规范管理与推进阶段

2008 年 3 月，北京市农业局、北京市农村工作委员会、北京市科学技术委员会和北京市财政局联合下发了《关于加快京郊农民田间学校建设的实施意见》，明确提出了在京郊发展农民田间学校的意义，建设基本原则、目标和任务，组织实施与管理内容，该文件的制定标志着全市农民田间学校正式进入了快速发展与规范管理的阶段。为全面部署实施方案，扎实稳步推进农民田间学校建设，2008 年 6 月 30 日北京市农业局组织召开了由区（县）农委，种植、畜牧、水产等中心主管领导和主管科长参加的 120 人会议。会上提出了《农民田间学校建设与管理实施方案》及《2008 年度农民田间学校建设与管理任务书》，重点围绕构建管理与实施体系和建立 9 项工作制度进行了部署。突出了农民田间学校的 3 个办学特点：一是构建高效的组织管理体系。成立了市、区（县）两级的农民田间学校项目协调小组，明确责任。二是构建高效的技术实施体系。建立了由市级行业部门和区（县）行业部门组成的实施技术保障体系，明确了具体职责。三是建立 9 项工作制度，包括需求调研，人才培养与考核，定期检查与观摩，工作季度与年度报告，档案化管理与维护，经验总结与典型宣传等工作制度，以确保田间学校发展环境不断得到优化。

在各区（县）的积极参与推动下，这一阶段围绕主导产业按照"六个一"的标准开办农民田间学校 627 所，举办辅导员培训班 28 期，培养辅导员 869 名，与田间学校的数量发展速度相适宜。市、区（县）、乡镇和村四级联动，形成推广单位主导，各大专院校、科研院所、农广校、涉农企业、农民专业合作社互动的良好发展态势和局面。2008 年 6 月 11 日，北京市委书记刘淇在昌平调研田间学校后批示：把"农民田间学校"的做法在全市各区（县）推广，扩大普及，实现学习型农村的目标。刘淇书记的批示标志着农民田间学校即将在全市全面普及。

为了保证快速发展阶段的办校质量，市农业局组织相关部门制定了相关管理规范，北京市农业局组编了《农民需求调研指南》和《农民田间学校建设指南》等培训教材，以保证农民田间学校办校质量，实现办校目标。同时，制作了农民田间学校系列宣传培训片多部，并在 CCTV - 7 科技苑和 BTV 公共频道播放，为田间学校的发展创造了良好的氛围。

（一）辅导员师资培养管理

辅导员是农民田间学校开办成功与否的关键，因此，北京在工作中对辅导员的选拔、分级培养、辅导员职责等方面进行了强化与明确。在辅导员的选拔上，要求具有较扎实的专业技术功底，并熟悉当地农业生产情况及农民需求；

具有一定的敬业奉献精神、吃苦耐劳精神，尊重农民学员，具有良好的语言沟通能力和亲和力，愿意从事农民田间学校工作，能保证基本的工作时间。

对辅导员分级培养和培养目标进行了明确。辅导员分级培养上要求开办农民田间学校前必须接受不少于 30 天（240 学时）的集中系统培训，每年的技能提升培训不少于 15 天（120 学时），同时，制定了辅导员分级培养的培训内容大纲，提出了辅导员应具备的 10 个方面的素质和能力目标。为了充分调动辅导员积极性，明确了辅导员 9 个方面的职责。

（二）开办程序与运行标准

在农民田间学校创建过程中，规范了农民田间学校开办程序。

（1）农村参与式需求调研与评估。

（2）制订培训计划。

（3）举办开学典礼。

（4）开展知识水平测试。

（5）组建农民学习小组及职责确定。

（6）针对作物全生育期开展培训活动，共 12～16 次，主要包括：

    ① 课程回顾与本次课程安排。

    ② 农田生态系统分析与决策实施。

    ③ 根据农民需求开展专题讨论。

    ④ 根据生产问题开展农民学用科学实验。

    ⑤ 学员团队建设或游戏活动。

（7）学习成果展示活动。

（8）举行结业典礼。

（9）开展培训效果评估与下一步需求分析。

通过农民田间学校标准程序的设计使农民在田间学校得到了快速的发展，同时，田间学校强调的是通过过程学习，在过程中掌握技术，提高综合能力，能力的提升是在过程中实现的。但是，农民田间学校的程序不是永远不变的，不变的是其原则和理念，应根据实际情况确定具体的内容。

按照"六个一"的标准建设农民田间学校，并进行考核与验收。成立一个技术指导小组，为农民田间学校长期运行提供技术咨询指导等支撑。建设一块试验示范田，开展农民学用科学对比试验，以及新品种、新技术展示；搭建一个互联网平台，进行人员数据备案登记考核、需求发布与解决。建立一个技术与信息宣传栏，使其成为社区内农民学习科学、掌握知识、了解信息的有效途径；培养一批科技示范户，每所农民田间学校发现、培养科技示范户不低于5 人，发挥示范带动作用。培养一名农民辅导员，组织农民开展示范试验、技术推广、传播信息，使培养的人才和形成的机制能够长期有效地发挥作用。

三、质量提升与推广阶段

2010年，北京市委书记刘淇的批示标志着农民田间学校的发展进入了新的阶段，农民田间学校参与式培训与推广方法成为京郊基层农业技术推广体系改革的发展方向，并潜移默化为推广部门职能，形成了以区（县）政府为主导，市级提供技术支撑全面发展的阶段。市级行业部门重点抓辅导员师资培养和示范校建设，区（县）相关部门真正成为农民田间学校开办的主体。市级推广部门共组织辅导员提升培训班3期，开办示范校30所，组织了观摩与现场培训活动，引领田间学校发展方向。

北京市农业局和北京市财政局启动了现代农业产业技术体系北京市创新团队建设项目，制定了《现代农业产业技术体系北京市创新团队建设实施方案（试行）》，明确了体系架构由研发中心（内设功能研究室）、综合试验站和农民田间学校工作站三个层级构成。和国家级产业技术体系相比，北京市创新团队建设增加了农民田间学校工作站这一层级，这既有利于真正了解农民的需求，又能促进科技成果落地转化，有效解决农业技术推广最后一公里问题，是北京市创新团队建设的亮点。目前，8个团队共建设农民田间学校工作站228个，探索农民田间学校拓展深入发展的运行机制与模式，并引领全市农民田间学校的发展。

农业部科教司在推进基层推广体系改革的过程中认为北京把农民田间学校作为工作的手段，推进技术推广向需求导向型转变，并寓教于乐、学以致用，制定了在推广体系改革示范县试点并推广的意见。北京市农民田间学校稳步推进的同时，北京市组建了师资团队为农业部在多个省份的推广提供培训师资支撑和经验交流。到目前为止，农业部管理干部学院共开展10期辅导员培训班，各省农业厅科教处和相关技术单位400余人顺利毕业，农业部目前在全国开办了60所农民田间学校示范校，通过示范校带动各省地方学校的开办。

第五节　北京农民田间学校发展特点

北京市农民田间学校在市、区（县）、乡镇和村四级部门推广下，由技术推广部门为主体整合在京大专院校、科研院所、农业企业、农广校和农民合作组织等技术资源，推动了农民田间学校的稳步发展，主要特点突出地表现为以下方面。

建设主体由一元向多元化拓展。北京市农业局和北京市植物保护站在作物栽培、土壤肥料、植物保护、水产、畜牧兽医等领域统一培养的 10 多名核心辅导员，是各行业农民田间学校发展建设的最重要推动者，他们作为辅导员培训的主要师资，为各行业培训了一大批辅导员，并指导本系统区（县）、乡镇级技术部门全面开办田间学校。2008 年年底，数名核心辅导员还为全市林业系统的 36 名乡土专家开展了参与式农业技术推广方法培训，标志着林业系统开始采用田间学校模式。2009 年起，延庆、平谷等区（县）的农业广播电视学校也加入了田间学校建设行列，使田间学校建设主体得到进一步拓展。除各级公益性单位以外，一批涉农企业、科技园区、农民专业合作社、科技示范户等发挥各自特长，也直接或间接参与田间学校的开办，成为田间学校建设力量的有益补充。

师资数量和学校数量相适应。高素质辅导员的数量对田间学校的推进起着至关重要的作用。因此，市里安排专门经费开展辅导员培养，使得辅导员数量能够与田间学校发展数量需求相匹配。从 2005—2010 年北京市农民田间学校辅导员数量变化情况（图 3-4）来看，辅导员数量始终保持了较高的增速，基本能够满足农民田间学校发展的需要，尤其是 2005—2007 年辅导员的队伍建设成效显著，为日后田间学校的快速稳步推进提供了重要的人才和智力支撑。

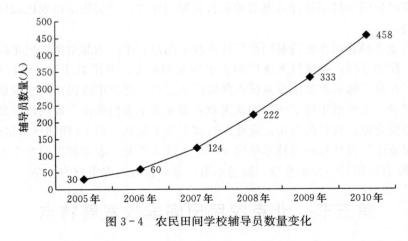

图 3-4　农民田间学校辅导员数量变化

自 2005 年以来，京郊农民田间学校经历了探索、总结和快速发展的阶段（图 3-5），2005—2006 年基本处于模式探索阶段，由于探索总结北京农民田间学校发展方向与措施，所以学校数量增加不显著；2007—2008 年是各行业探索推进的初级阶段，学校数量在探索中实现缓慢增长；2008 年下半年开始，田间学校始终保持了较高的增长速度，2010年进入了平稳发展阶段。2005—2010年，学校数量平均年增加为215.5%，截至2010年年底，全市已在758个村围绕主导产业开办了农民田间学校，占全市农业为主的村的19.19%，近4万人接受了农民田间学校培训。

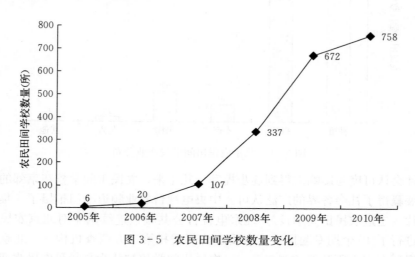

图3-5 农民田间学校数量变化

农民田间学校产业范围逐步拓展（图3-6）。农民田间学校是一个推广农业综合技术的平台，由最早的植保系统发起，由IPM技术推广发展到农业生产综合管理。由种植业领域逐渐向养殖、水产、林业发展，总体而言，种植类田间学校数量多于养殖类，其中蔬菜、粮食、瓜果等种植类田间学校数量占总量的近50%，与京郊农业产业结构保持一致发展。除传统的蔬菜、瓜果及粮食作物外，田间学校还在鲜花、中药材、观赏鱼、采摘果品以及旅游农业等领域表现出了较强的活力，为京郊各类别、各层次农业产业发展做出了积极贡献。田间学校的开办与京郊农业产业布局呈现出明显的相关性。大兴、通州、密云等农业为主区（县）的田间学校数量迅速发展，而朝阳、海淀、丰台等近区（县）则重点发展了观光采摘型农业。

农民田间学校服务内容逐步多样化。在培训与服务内容方面，坚持了循序渐进、按需供给的原则，首先集中力量解决农业生产最迫切的技术问题，在解决技术问题的过程中渗透对农民主体意识、协作发展意识、食品安全意识等多方面意识的培养。在满足了农民基本的技术需求之外，还根据各区域农村经济社会发展需要，安排了计算机使用、插花技术、民间舞蹈等多种类型的活动，充分满足了农民在精神文化方面的需求，真正体现了"以人为本、以能为先"的办学理念。

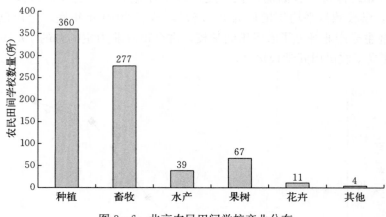

图 3-6 北京农民田间学校产业分布

社会认可度与影响力得到逐步提升。几年来，农民田间学校在京郊的实践与发展赢得了社会各界的广泛认可。中央电视台农业频道专门拍摄了 5 集系列宣传片《走进农民田间学校》，北京电视台公共频道连续两年对北京农民田间学校进行了 40 余期专题报道。市委宣传部委托第三方调查机构——北京市社情民意调查中心所开展的调查显示，农民田间学校被认为是最受农民欢迎的培训模式。京郊农民田间学校取得的显著成效引起了国内外各类机构领导和专家的高度重视，得到了联合国粮农组织、加拿大驻中国项目办、全球环境基金、亚太地区 30 多个国家农业部的国际官员和专家的高度评价，均认为京郊农民田间学校相关水平达到国际领先。中国科协、农业部，以及市委、市政府领导也给予了充分肯定。

经过几年的实践与发展，依托农民田间学校平台，农业技术人员下乡次数明显增加，农民见到技术人员的概率大大增加，农业技术推广队伍自身的专业技术和综合素质得到大幅提升，从根本上改变了推广的理念和方式。同时，农业部委托北京市组成专家组，为 29 个省区培养辅导员 183 名，为农民田间学校在多个省区推广提供了师资保障。

第六节　农民田间学校制度与运行设计

一、政府制定政策多层次推动发展

北京农民田间学校在发展过程中体现出了较强的政府主导性，农民田间学校被写入了多个政府文件，从政策的高度上引导推动。2006 年北京市社会主义新农村建设折子工程提出探索农民田间学校建设新模式，2008 年北京市社会主义新农村建设折子工程提出加强农民田间学校建设，2009 年农民田间学校被列入北京市人民政府办实事折子工程。2007 年 4 月，《北京市农民科学素质行动实施方案》明确提出将农民田间学校作为培养"专业型"农民的重要模式。2007 年 8 月，《北京市人民政府关于推进基层农业技术推广体系改革工作的实施意见》（京政发〔2007〕22 号）明确提出要将农民田间学校作为"探索机制灵活的村级基层服务组织（点）"的有效形式进行推广。《北京市农民科学素质行动实施方案》中要求，充分发挥首都科技、教育、人才资源优势，组织开办农民田间学校，提高农民综合素质。北京市《现代农业产业技术体系北京市创新团队建设实施方案》中，将农民田间学校工作站作为村级农业技术推广服务站点建设。中、高级职称评定政策将采用参与式方法培养技术人员和农民作为评定内容，引导技术人员深入一线。

2008 年，北京市农业局、市农委、市科委、市财政局联合发布《关于加快京郊农民田间学校建设的实施意见》（京农发〔2008〕45 号），进一步明确了各级行政和事业单位和部门在农民田间学校建设工作的组织实施、监督考核、经费保障等方面的管理与实施职能。总体上从制度层面确立了政府在推动农民田间学校建设中的主导作用，对田间学校的发展起到了极大的促进作用。

二、构建高效的组织体系联合实施

为了加强田间学校工作的协调、领导与管理，由市、区（县）两级政府的农业、科技、财政部门联合成立田间学校项目领导小组，负责本区域内田间学校的总体协调和管理工作；市农业局下属各专业技术单位作为技术支撑单位负责全市各自行业内的辅导员师资培养和技术指导工作；区（县）种植业服务中心、养殖业服务中心、水产服务中心等作为责任单位具体组织协调本行业内田间学校的实施，区（县）、乡镇的种、养业技术推广部门承担田间学校具体建设任务，明确体系中各级的责任分工，为田间学校工作的快速推进提供了组织保障。

三、制定管理办法保证办校质量

为了使农民田间学校在京郊得到快速、有效推广，保证农民培训的效果，制定了《北京市农民田间学校建设管理办法》（以下简称《管理办法》）和《北京市农民田间学校建设管理办法实施细则》（以下简称《实施细则》）。《管理办法》和《实施细则》详细阐述了农民田间学校的调研、开办程序及内容、承办单位职责、辅导员选拔培养及职责、运行管理及考核等内容，并说明了每部分的目的意义，辅导员可以根据实际情况进行适时变通。《管理办法》

和《实施细则》的制定，实现了北京农民田间学校管理的规范化，材料的系统化，档案的完整化，操作的统一化，从而保证培训真正落到实处，而不是流于形式化。

为确保不同行业、不同地区办学质量，实现管理与建设的标准化，制定了北京农民田间学校办校标准，按照"六个一"的标准开办农民田间学校，即每所田间学校培养一名农民辅导员、组建一个技术指导小组、建设一块农民试验田、培养一批科技示范户、设置一块信息宣传栏、维护一个互联网平台，并按照"九个统一"进行管理，即统一师资培养、统一学校申报、统一办学规范、统一网络管理、统一标牌、统一评估、统一资金标准、统一档案管理、统一宣传。

四、科技项目带动技术资源整合

为加快科技成果转化力度，提高项目科技成果的"落地效应"，推动田间学校的持续发展，从 2008 年开始，北京市农业行政管理部门统一要求所有试验示范类、推广类及科普类项目要在示范点建设农民田间学校，采用农民田间学校参与式方法开展农业科技的普及推广。同时，设立专项推动农民田间学校示范校建设，开展田间学校创新与发展机制研究。科技项目与田间学校的结合既提高了科技成果的转化率和到位率，又为田间学校提供了有力的技术支撑，促进了田间学校的可持续发展。

五、宣传领导支持持续推动

农民田间学校工作不但对辅导员能力是一种挑战，而且和传统的讲课与现场指导式相比，工作量和付出也要大得多，而且脑力劳动的付出很难得到理解和认可。为了营造一种比较好的辅导员工作氛围，在推动策略上，邀请各部门、各层级和各行业的相关领导进行现场观摩，使各级领导充分感受到参与式培训的效果和辅导员的辛苦，并体验该方法对调动农民主体意识和创造能力的作用。充分利用电视台、广播、网络、文件等，以多种形式向社会各界普及推广田间学校理念与实践效果，为田间学校深入发展赢得必要的政策支持和社会舆论环境。

第七节　北京农民田间学校模式创新

在实践和探索中，农民田间学校结合京郊区域优势产业发展和农业科技需求现状，实现了六个方面的创新与发展。

一、推广理念与方法创新

北京农民田间学校的建立，宏观上由政府主导、各部门参与推动，在村级微观上农民田间学校农民学员主导参与运行的机制，赋权并强化受训农民的社会责任，受训农民在自我提高、自我发展和致富的同时，在村级社区示范，带动周边村民发展。使原来依靠技术人员进行推广，转变为依靠农民土专家进行技术自然扩散和进步农民主动传播，由原来推广人员传播自身掌握的知识和技能变为挖掘农民多年积累下来的宝贵实践经验和窍门进行推广扩散。在推广理念上，实现了由传统的以技术人员为中心的自上而下的工作方式到以农民为中心的自下而上工作方式的根本性转变，工作对象由传统的单纯技术转变为技术的需求者农民，工作目标由推广技术转变为满足农民的多种需求。

二、农民田间学校模式创新

北京农民田间学校在辅导员培训模式上改变了传统的作物全生长季脱产培训，根据京郊实际，创新了辅导员培训模式，采用针对作物生长全生育期在关键季节开展多阶段培训，并制定了分阶段培训的课程大纲，通过实践性农民田间学校、示范课观摩、优秀辅导员传帮带等模式强化辅导员实际操作实践技能提升。在办校标准和模式上，为了保证办校质量，结合京郊优势产业发展和农民需求，探索制定了北京农民田间学校"六个一"办校标准；为了充分发挥农民田间学校的辐射带动作用，因地制宜探索出了"以校带组（农民学习小组）""以校带队（农民专业化防治服务队）""以校（农业广播电视学校）带校"和"校社（农民专业合作社）合作"等办校模式。

三、管理与运行机制创新

管理上有创新。北京市制定了《北京市农民田间学校建设管理办法》和《北京市农民田间学校建设管理办法实施细则》，并下发了《关于加快京郊农民田间学校建设的实施意见》，通过管理办法和文件规范管理，保证实施效果，明确市、区（县）、乡镇、村工作责任，建立协作机制，调动在京农业企业、科研院所、职业院校技术资源参与，探索实现学校建设与产业技术支撑相结合的机制，由相关行业技术专家和相应的学校对接，形成科研导向和科技服务与农民田间学校建设相结合的机制，探索建立农民参与技术推广的推广机制，调动农民参与技术推广与传播的主体积极性。建立激励机制，在职称评定、年度考核、评先评优、承担科技项目等方面优先，通过政策激励、制度激励等方式，调动从事农民田间学校开办的广大辅导员的工作积极性，从多方面保证农民田间学校规范、高效推进。

四、培训工具和方法创新

北京市农民田间学校创新方法因地制宜服务产业发展，在工作实践中，根据实际需要，改进发展了培训工具和方法，如季节历方法的应用由传统的社区问题分析，发展为主导作物季节历，进而建立针对作物全生育期的问题季节历和管理季节历，用于系统分析产业发展存在的问题、资源、发展潜力，提出对策建议等。农民试验研究方法上有拓展，建立了基于问题分类基础上的相应解决方法，根据问题的类型选择演示性试验、示范性试验，或者创新性试验，有利于问题的高效解决。在效果评估上有创新，引进了 H 图评估、农民评估等简单易行的方式，使农民田间学校更有效果和生命力。

五、内容有延伸和拓展

北京市农民田间学校首先在服务的行业上和行业内部种类上有拓展，涉及种植业、畜牧业、水产业、林果行业等绝大部分种类，拓展了农民田间学校范围。在内容上有拓展，在专业技术之外，开展了计算机知识、插花、舞蹈等培训。农民农产品品牌建设有发展，如昌平有机草莓农民田间学校兴寿清梅农民合作社，草莓通过了绿色食品认证，顺义韭菜农民田间学校注册了绿色韭菜品牌，大兴区西瓜农民田间学校学员注册了西甜瓜品牌。通过品牌建设，产品进入超市等大市场，实现了产品增值，并带动当地主导产业发展，形成良性循环的局面。密云县车道峪奥运菜基地、顺义大孙各庄绿奥蔬菜合作社等农民田间学校基地的蔬菜被小汤山特菜基地包销，延庆农民田间学校蔬菜基地的冷凉菜被南方的客户订购，学员生产的产品实现了良好效益。

六、文化创新

北京在农民田间学校发展过程中，注册了农民田间学校标志，在农民田间学校学员文化衫上使用，学员统一着装增强集体意识，加强社会宣传以及对非学员的带动责任。农民田间学校标志也供成立农民专业合作社的农民田间学校学员在产品商标上使用，增加宣传力度。同时，设计了农民田间学校牌匾，在每所田间学校开办的地方悬挂，明确相关单位的责任。同时，按照《三大纪律、八项注意》的曲子填词，完成"农民田间学校学员之歌"，学员在课前课后演唱，增强学员学习兴趣和集体荣誉感。在不同的农民田间学校，创作了反映农民田间学校学习感受、效果或者特点的三句半、快板等，学员自编自演，带动了集体学习、进步的良好氛围（图3-7）。

图3-7　北京农民田间学校文化创新

第四章 农民田间学校对生产管理知识提高及生产的影响

生产知识与技能与农民的经济生产能力紧密相关，而农民田间学校培训通过提高农民的生产知识与技能进而达到提高农民种植作物产量的目的。秘鲁农民田间学校的培训结果表明：参加农民田间学校的农户和没有参加田间学校的农户相比 IPM 实践知识显著提高，而且有明显证据表明这些知识的提高对马铃薯产量的增加有潜在影响。杨普云等研究结果表明农民田间学校农户农业生产管理知识显著增加，而接受传统培训的农户这些知识没有明显增加。

北京市农民田间学校根据农民需求，针对性地组织相关知识与技能的讨论、实践与应用活动，通过这些活动，更好地使农户理解、掌握和应用，主要通过农民专题讨论、农民试验、农田生态系统分析等方式进行。实践证明：农民田间学校这种重视农民参与、农民经验分享、实践与应用相结合的培训模式有效提高了农民的生产管理知识与技能，从培训前后农民知识与技能水平测试（BBT）结果可以看出这一点。

本章首先通过比较农民田间学校的学员在参加农民田间学校前后的知识技能测试分数来比较参加农民田间学校对农民自身知识技能方面提高的效果。然后再通过参加农民田间学校培训的农民与未参加培训的农民之间的比较来研究农民田间学校培训对农民生产知识和技能方面的影响，在前面分析的基础上研究农民生产知识和技能的提高对其番茄生产产量的影响大小。由于农业技术扩散方面的影响，农民田间学校村的农民即使没有参加培训，但是也可能从参加培训的农民那里学习到许多相关方面的知识。为了得出农业技术扩散对农民造成的影响，本文还将未参加农民田间学校的农户分为农民田间学校村未参加培训的农户和非农民田间学校村未参加培训的农户两种。通过两种未参加农民田间学校的农户之间的对比，得出农业技术扩散对农民生产知识和技能及其番茄产量的影响。

第一节 农民田间学校培训前后学员的知识技能比较

在农民田间学校成立之前，笔者对部分参加农民田间学校的农民进行了一次生产知识和技能方面的测试。2009 年在农民田间学校培训后，笔者又对这些农民进行了生产知识和技能方面的测试。本节通过农民在参加农民田间学校前后的生产知识和技能的对比，得出农民田间学校对农民生产知识和技能提高方面的直接影响。

　　笔者选取 2009 年一个农民田间学校年度周期内 5 所设施番茄农民田间学校学员在培训前后设施番茄生产管理知识与技能测试结果进行对比分析。为了保证培训前后效果的可比性，测试采用相同的试题或者个别替换同样难度试题的方法进行。分析样本选取了 2009 年调查样本中的 5 所田间学校的 160 户农户进行比较分析（表 4 - 1）。结果表明所有农民田间学校村的农民在培训后生产知识和技能都有大幅度的提高。就不同村分别来说，相比其参加田间学校培训前所得的测试分数，参加农民田间学校后其生产知识和技能的测试分数提高23.9％～50.5％。如果将 160 个农民培训前后的测试分数做比较，所有参加培训的 160 名农民学员在培训前的知识和技能水平由 52.9 分提高到 74.7 分，提高了 41.3％，培训效果非常显著。

表 4 - 1　农民在农民田间学校培训前后的知识技能测试比较

区（县）	学校名称	学员人数	培训前平均成绩（分）	培训后平均成绩（分）	成绩平均提高（％）
通州区	宋庄镇大兴庄村 FFS	27	62.4	77.3	23.9
密云县	河南寨镇套里村 FFS	30	58.7	83.2	41.7
	河南寨镇荆栗园 FFS	30	56.7	81.2	43.2
大兴区	榆垡镇石佛寺村 FFS	45	46.9	70.6	50.5
	榆垡镇求贤村 FFS	28	42.9	62.6	45.9
	合计/平均	160	53.5	75.0	41.0

注：资料来源为笔者调查。

第二节　农民田间学校对农民生产管理知识与技能的影响分析

　　为了研究农民田间学校培训活动对农民生产知识与技能的影响，本次调查对每个调查对象采用考试问卷的形式，使其回答设施番茄生产的相关生产管理知识与技能，并将此考试成绩作为评价所调查农户生产管理知识与技能水平的标准。该考试问卷共有 20 道题，其中生产管理知识与技能各 10 道题，回答全部正确为 20 分。另外，这些考试题主要从与农民设施生产密切相关的知识与技能方面考察，避免过多涉及培训方面的知识。

对农民生产管理知识方面共设计了 10 个题目，主要考查农户关于设施番茄生产管理知识，侧重于信息类知识考查。由于农民田间学校培训根据需求出发，内容的针对性比较强，每所学校培训的内容个性化特点突出，在试题的设计方面很难覆盖到每所田间学校可能涉及的内容，主要针对生产上相对普遍存在的问题设计了测试内容。试题的内容以设施番茄病虫害基本知识类信息为主，同时涉及相关栽培管理的部分内容。对农民生产管理技术方面也设计了 10 个题目。针对在农民田间培训中可能存在的普遍性问题设计测试考查试题，重点考查农民的设施番茄生产管理技术，侧重于可操作性或对操作性有重要影响的技术内容，并尽量使内容贴近农民生产实际，避免或尽量减少农民生产上没有遇到的问题的数量。测试题的内容涉及设施番茄病虫害防治技术、防治措施、施药技术等，并有对农民综合管理技术的考查。

研究结果发现，参加过农民田间学校培训及其他活动的农民田间学校学员的设施番茄生产管理知识和技能高于同村的非学员农户和对照村农户（图 4-1）。其中农民田间学校学员考试平均分数（12.2 分）比同村非学员（10.7 分）高 1.5 分，比对照村农户（10.0 分）高 2.2 分。若以百分比计算，则农民田间学校学员的设施番茄生产知识与技能分别比同村非学员高 14.0%，比对照村农户高 22%。表明田间学校对农民的培训提高了农民的设施番茄综合生产能力。

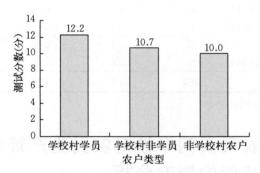

图 4-1　农民设施番茄生产管理知识与技能比较

如果分别比较农户的设施番茄生产管理知识和技能（图 4-2），则可以得出与总分基本相同的结果。其中农民田间学校学员设施番茄生产知识平均比同村非学员和对照村农户高 0.7 分和 0.9 分，分别高 12.7% 和 16.7%（图 4-2a）。农民田间学校学员设施生产技能分别比同村非学员和对照村农户高 0.8 分和 1.3 分，分别高 15.4% 和 27.7%（图 4-2b）。表明田间学校对农民的培训不仅提高了农民的设施番茄生产知识，同时提高了其生产技能。

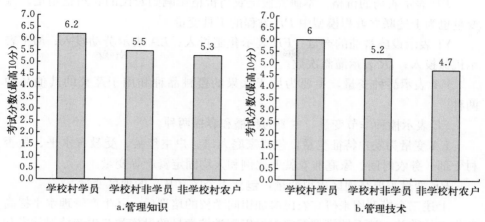

图 4-2　田间学校学员与非学员设施番茄管理知识与技术的差异

第三节　农民知识、农药用量和设施番茄产量模型的设定及估计方法

上述分析未能控制农户特征等因素对农民田间学校效果的影响。为了研究农民田间学校的净效果，本研究将采用联立方程组模型，研究农民田间学校活动对农民番茄生产的影响。本研究假定：农民田间学校培训活动，提高了农户生产管理知识和技能，并由此改变了农户农药投入，提高了农户的设施番茄产量。根据该假定，本研究所采用的联立方程组模型为

$$FK = f(FS, VFS, VA, SE, FA, RE, OT) \qquad (4-1)$$
$$PE = g(FK, PP, VA, SE, FA, RE, OT) \qquad (4-2)$$
$$YI = h(FK, PE, FE, LA, MA, IR, VA, SE, FA, RE, OT) \qquad (4-3)$$

上述模型中 FK 为农户的知识和技能水平。本研究将采用对相关设施番茄生产植保技术和技能考试成绩表示。

FS 表示农民田间学校学员变量。本研究假定在控制其他影响因素变量的条件下，田间学校学员设施番茄生产的投入和产出等显著不同于非学员。

VFS 表示农民田间学校村非学员变量（对照Ⅰ）。本变量用来研究田间学校的技术信息扩散效果。本研究假定在控制其他影响因素变量的情况下，田间学校村非学员设施番茄生产的投入产出等也显著不同于非田间学校农户。

PE 为农民的设施番茄生产农药施用量。主要用来研究田间学校学员农药施用量是否有变化。

PP 表示农药的价格。本研究假定农药价格影响到农民的农药施用量。该变量也为上述联立方程模型中 PE 方程的工具变量。

YI 表示设施番茄的产量；FE 表示化肥投入；LA 表示劳动投入；MA 表示机械投入；IR 表示灌溉次数。

VA 表示品种变量，主要为用于水果的樱桃品种和用于蔬菜的其他品种两种。

SE 表示播种季节变量，主要为秋播和春播两种。

FA 变量为农户特征变量，包括家庭人口、户主年龄、受教育水平、是否村干部、务农时间、家庭非农就业比例和人均固定资产等变量。

RE 变量主要是地区虚拟变量，包括 4 个区（县）的地区变量。

上述三个模型用来研究农民参加田间学校的培训后，其生产管理水平提高所带来的效益。该系统模型假定农民田间学校学员的设施番茄生产植保技术和技能显著不同于非学员和对照村农户，且农户设施番茄生产的知识和技能水平显著影响了农户的设施番茄产量。即农户设施番茄产量除决定于投入等水平外，更决定于其生产知识与技能水平；而农民田间学校学员的生产知识与技能水平则显著不同于非学员和非田间学校村农户。另外，上述系统模型也假定受田间学校技术信息扩散的影响，田间学校村非学员农户的设施番茄生产植保技术和技能也显著不同于对照村农户，从而使其生产水平也高于对照村农户。

由于农药投入变量为减少损失变量（农药投入与化肥、劳动等其他要素的投入不同，化肥、劳动等生产要素的投入可以有效提高作物的产量，而农药投入则为了防止作物由于病虫害造成的损失，因此，其随着农药用量的增加不会使作物产量增加，但会减少作物由于病虫害所造成的损失），因此，在研究农药投入对产量的影响时［式（4-3）］，为了更好地反映该变量的特性，本研究采用风险控制生产函数（damage control production function）的方式估计其对产量的影响。该函数形式为

$$Yield = f[Z, G(X)] \qquad (4-4)$$

式（4-4）中，Z 为生产投入等变量向量，包括式（4-3）中 FK，FE，LA，MA，IR，VA，SE，FA，RE，OT 等变量。X 为风险控制变量向量［例如式（4-4）中的 PE 变量等］，G(X) 表示风险减少函数。

Lichtenberg 和 Zilberman（1986）提出了式（4-4）的一个具体形式

$$Yield = \alpha Z^{\beta}[G(X)]^{\gamma} \qquad (4-5)$$

式（4-5）的简化形式为 Cobb-Douglas 生产函数

$$Yield = \alpha Z^{\beta} X^{b} \qquad (4-6)$$

上述式（4-4）到式（4-6），假定各种生产投入等变量和农药投入变量

间无互作效应。为方便起见，在上述模型的实证估计时，通常假定式（4-5）中的参数值 $\gamma=1$，在该假定下，式（4-5）、式（4-6）中，农民的边际产量分别如下

$$\frac{\partial Q(Z, X)}{\partial X}=\alpha Z^{\beta}\frac{\partial G(X)}{\partial X} \tag{4-7}$$

$$\frac{\partial Q(Z, X)}{\partial X}=b\alpha Z^{\beta}X^{b-1} \tag{4-8}$$

由于式（4-4）和式（4-5）中的 $G(\cdot)$ 表示了防止风险变量投入 X 后所减少的产量损失的比例，这就使得 $0<G(X)<1$。因此，上述模型可以在清楚研究主要投入变量对产量影响 $Yield=\alpha Z^{\beta}$ 的基础上，研究风险减少变量的影响。本研究风险减少模型将采用 Weibull 函数的形式

$$G(X)=1-\exp(-X^{c}) \tag{4-9}$$

式（4-9）中，c 为估计的参数。

在生产上，农民对病虫害的防治效果除了决定于农药施用量外，同时也决定于其施用农药的时间是否合适和施用方法是否正确。而这些因素则与农民的植保知识和技能水平有关。为此，本研究假定农民的植保知识和技能水平也属于风险控制变量，应包含在风险控制函数中。具体形式为

$$G(X)=1-\exp(-X^{c+d\cdot FK}) \tag{4-10}$$

式（4-10）中，FK 为农民植保知识与技能变量，在模型估计时以农民的考试分数表示；d 为农民知识与技能水平对减少风险的影响参数。

本研究对该联立方程组模型的估计，采用非线性估计的方法；另外，作为比较，在估计风险控制生产函数系统模型时（结果见表4-5），同时估计对数线性系统模型（结果见表4-4）。

在模型估计时，农民田间学校变量以是否农民田间学校村学员户虚拟变量表示，同时以同村的非农民田间学校学员虚拟变量估计田间学校技术信息扩散效果，两变量分别以对照村农户作为对照变量。控制变量中的品种变量在模型估计时樱桃品种虚拟变量以普通品种为对照；播种季节变量秋播虚拟变量以春播变量为对照；村干部虚拟变量以一般农户为对照；地区虚拟变量以密云县为对照。

第四节　农民知识、农药用量和产量模型主要变量描述

本次调查内容包括 2009 年春季和秋季两季农户设施番茄生产的全部投入和产出情况及农户特征、农户设施番茄生产经验、所种植的品种与季节等。所

调查的样本中，秋茬番茄和春茬番茄分别有 243 个和 192 个样本，用于水果的樱桃品种和用于蔬菜的其他普通品种分别有 57 个和 378 个样本。样本农户的特征及设施番茄生产的投入和产出等变量基本情况见表 4－2 与表 4－3。

一、农户特征变量统计描述

表 4－2 为笔者调查样本的农户特征统计的基本情况。笔者的样本覆盖北京郊区设施番茄种植的 4 个县的 16 个村，所以笔者样本的农户特征基本能代表北京市种植农户的基本情况。从表 4－2 看，样本平均家庭人口数为 3.7 人，80％的户主为男性，户主平均年龄为 49 岁。户主平均受教育年限为 8.6 年，达到初中毕业水平，高于陈瑞剑等人在河南、河北和山东调查样本中的户主平均受教育年限（7.5 年）（陈瑞剑，2009）。户主务农时间比例为 95.3％，家庭非农就业比例 42.6％，人均固定资产为 10 万元/人。

表 4－2　农户特征变量统计描述

项目	平均数	标准误	最小值	最大值
家庭人口（人）	3.7	1.3	1.0	8.0
户主性别虚拟变量（男性＝1，女性＝0）	0.8	0.4	0.0	1.0
户主年龄（岁）	49.0	7.6	34.0	72.0
户主受教育年限（年）	8.6	2.2	0.0	16.0
村干部虚拟变量（村干部＝1，非村干部＝0）	0.1	0.2	0.0	1.0
户主务农时间比例（％）	95.3	18.0	0.0	100.0
家庭非农就业比例（％）	42.6	22.1	0.0	100.0
人均固定资产（千元/人）	108.7	177.4	1.3	2 001.8

注：1. 资料来源为笔者调查。

2. 全部观察值（样本）个数为 435 个。

二、投入产出变量统计描述

表 4－3 为投入产出变量的统计描述。总体来看，投入产出的最小值和最大值都在样本均值的 3 倍标准差之内，说明该样本数据的分析结果具有较好的稳健性，不会因为异常值的原因而产生较大的偏误。北京市设施番茄种植农户的平均番茄产量为 70 284 千克/公顷，净收入为 75 359 元/公顷。劳动投入为 1 512天/公顷，资金投入为 3.8 万元/公顷，机械投入为 649.5 元/公顷。在化肥投入方面，笔者将氮、磷、钾的投入量按其实际含量折算成纯氮、磷、钾的投入，从表 4－3 可以看出，平均纯氮投入为 464.5 千克/公顷，高于纯钾投入

的 387.6 千克/公顷和纯磷投入的 311.4 千克/公顷。农药投入为 38.8 千克/公顷，平均灌溉次数为 8.8 次。

表 4-3　投入产出变量统计描述

项目	平均数	标准误	最小值	最大值
产量（千克/公顷）	70 284	23 522	13 700	135 000
净收入（元/公顷）	75 359	49 352	-18 645	235 995
投入变量				
劳动投入（天/公顷）	1 512.8	827.0	268.4	3 083.1
资金总投入（万元/公顷）	3.8	1.9	0.6	10.6
机械投入（元/公顷）	649.5	653.7	0.0	1 400.0
化肥投入				
纯氮投入（千克/公顷）	464.5	407.8	0.0	1 051.0
纯磷投入（千克/公顷）	311.4	496.5	0.0	1 447.9
纯钾投入（千克/公顷）	387.6	440.1	0.0	993.8
农药投入（千克/公顷）	38.8	37.5	0.0	237.0
灌溉次数（次）	8.8	4.8	2.0	35.0

注：1. 资料来源为笔者调查。

2. 全部观察值（样本）个数为 435 个。

第五节　农民知识、农药用量和设施番茄产量模型的估计结果

假定农民的投入和产出决定于农民的生产知识与技能，在此条件下，田间学校通过影响农民的知识与技能水平，最终影响其设施番茄的投入和产出。本研究分别选择农民设施番茄生产的农药用量（投入）和产量（产出），研究田间学校对农民设施番茄生产的影响。模型的估计结果表明，无论是对数线性估计（表 4-4），或者采用风险控制函数替代系统模型中的产量方程来估计（表 4-5），均显示出主要变量的系数达到了显著水平，表明该系统模型有一个较好的估计结果。

知识技能方程中田间学校村学员变量和同村非学员户变量系数分别达到 1% 和 10% 的显著水平且为正值（表 4-4，表 4-5），表明农民田间学校显著提高了农民的设施番茄生产知识和技能。田间学校学员变量系数为 0.212，表明田间学校学员的设施生产知识与技能水平比对照村农户高 21.2%；田间学

校村非学员变量系数分别为 0.076 和 0.079，表明其设施番茄生产知识与技能水平比对照村农户高 7.6％～7.9％，这一差距是由田间学校技术信息扩散的效果所引起的，即田间学校技术信息的扩散使非学员户的生产技能水平比对照村农户提高了 7.6％～7.9％。

表 4-4 农民知识、农药用量和设施番茄产量对数线性模型的估计结果

项　　目	知识技能方程 log（考试分数） （最高 20 分）	农药方程 log（农药） （千克/公顷）	产量方程 log（产量） （千克/公顷）
常数项	1.295**	−1.960	8.570***
	(0.575)	(6.989)	(0.834)
农民田间学校虚拟变量（非田间学校村农户为对照）：			
田间学校村学员户	0.212***		
	(0.046)		
同村非学员户	0.076*		
	(0.049)		
log（考试分数）（最高 20 分）		1.608	0.732***
		(2.529)	(0.236)
log（农药价格）（元/千克）		−1.114***	
		(0.309)	
秋茬番茄虚拟变量（春茬番茄为对照）		0.666*	−0.144***
		(0.368)	(0.042)
樱桃品种虚拟变量（普通品种为对照）		−1.467*	−0.251**
		(0.764)	(0.103)
家庭特征变量：			
log（人口）（人）	0.075	0.087	−0.105
	(0.094)	(0.734)	(0.114)
户主性别虚拟变量（女性为对照）	0.128***	−0.498	−0.117*
	(0.049)	(0.557)	(0.062)
log（户主年龄）（岁）	0.016	1.374	0.017
	(0.136)	(1.113)	(0.146)
log（户主受教育年限）（年）	0.032	−0.036	−0.016
	(0.051)	(0.469)	(0.021)

（续）

项　　目	知识技能方程 log（考试分数）（最高20分）	农药方程 log（农药）（千克/公顷）	产量方程 log（产量）（千克/公顷）
村干部虚拟变量（非村干部为对照）	−0.114	0.303	0.058
	(0.078)	(1.328)	(0.111)
户主务农时间（%）	0.003***	−0.004	−0.001
	(0.001)	(0.012)	(0.002)
家庭非农就业比例（%）	−0.026	0.039	0.067
	(0.152)	(1.447)	(0.175)
log（人均固定财产）（元/人）	0.033*	0.002	0.009
	(0.019)	(0.245)	(0.022)
投入变量：			
log（劳动）（天/公顷）			0.108***
			(0.041)
化肥投入：log（纯氮用量）（千克/公顷）			−0.007
			(0.010)
log（纯磷用量）（千克/公顷）			0.002
			(0.006)
log（纯钾用量）（千克/公顷）			−0.004
			(0.005)
log（机械投入）（元/公顷）			0.002
			(0.002)
log（灌溉次数）			0.076**
			(0.037)
log（农药）（千克/公顷）			−0.043**
			(0.020)

注：1. 资料来源为笔者调查。

2. 表中括号内数字为相应系数的估计标准误；***、**、* 分别表示所估计系数在1%、5% 和10%水平上显著；上述模型的观察值数均为435，模型估计时均放入了区（县）虚拟变量，但考虑篇幅本表未列入。

表 4 - 5   农民知识、农药用量和设施番茄产量风险控制生产函数模型的估计结果

回归变量	知识技能方程 log（考试分数） （最高 20 分）	农药方程 log（农药） （千克/公顷）	产量方程 log（产量） （千克/公顷）
常数项	1.293**	−1.871	8.790***
	(0.570)	(6.986)	(0.844)
农民田间学校虚拟变量（非田间学校村农户为对照）：			
田间学校村学员户	0.212***		
	(0.046)		
同村非学员户	0.079*		
	(0.048)		
log（考试分数）（最高 20 分）		1.551	0.784***
		(2.530)	(0.260)
log（农药价格）（元/千克）		−1.118***	
		(0.311)	
秋茬番茄虚拟变量（春茬番茄为对照）		0.668*	−0.167***
		(0.369)	(0.040)
樱桃品种虚拟变量（普通品种为对照）		−1.464*	−0.175*
		(0.764)	(0.094)
家庭特征变量：			
log（人口）（人）	0.075	0.092	−0.126
	(0.093)	(0.734)	(0.109)
户主性别虚拟变量（女性为对照）	0.128***	−0.492	−0.113**
	(0.050)	(0.557)	(0.058)
log（户主年龄）（岁）	0.016	1.371	−0.020
	(0.136)	(1.117)	(0.136)
log（户主受教育年限）（年）	0.032	−0.034	−0.014
	(0.052)	(0.474)	(0.029)
村干部虚拟变量（非村干部为对照）	−0.113	0.297	0.041
	(0.080)	(1.331)	(0.094)
户主务农时间（%）	0.003***	−0.004	−0.001
	(0.001)	(0.012)	(0.002)

（续）

回归变量	知识技能方程 log（考试分数） （最高 20 分）	农药方程 log（农药） （千克/公顷）	产量方程 log（产量） （千克/公顷）
家庭非农就业比例（%）	−0.026	0.037	0.095
	(0.151)	(1.443)	(0.170)
log（人均固定财产）（元/人）	0.033*	0.004	0.006
	(0.019)	(0.245)	(0.021)
投入变量：			
log（劳动）（天/公顷）			0.110***
			(0.041)
化肥投入：log（纯氮用量）（千克/公顷）			−0.008
			(0.009)
log（纯磷用量）（千克/公顷）			0.002
			(0.006)
log（纯钾用量）（千克/公顷）			−0.005
			(0.005)
log（机械投入）（元/公顷）			0.002
			(0.002)
log（灌溉次数）			0.075**
			(0.038)
风险控制函数参数估计：			
c（Weibull 模型中的农药用量估计参数，千克/公顷）			0.001
			(0.001)
d（Weibull 模型中的知识技能水平参数，千克/公顷）			−0.001
			(0.001)

注：1. 资料来源为笔者调查。

2. 表中括号内数字为相应系数的估计标准误；***、**、* 分别表示所估计系数在 1%、5% 和 10% 水平上显著；上述模型的观察值数均为 435，模型估计时均放入了区（县）虚拟变量，但考虑篇幅本表未列入。

知识技能水平的提高并不一定反映在农户的农药用量上。农药方程中考试分数变量未达到显著水平（表 4-4，表 4-5），表明农民的设施番茄生产中，农药的用量并未与其知识和技能水平相联系，即使具有较高生产知识和技能的农户，也可能使用较多的农药。这进一步表明，农民在设施番茄生产中对病虫害的防治是根据其发生严重程度而采用不同种类或用量的农药；同时，一些农民选择低毒高效但浓度较低的农药。这也可能是农药方程中农户技能水平变量系数不显著的原因。

需要注意的是，表4-4中农药投入变量系数为负值且达到显著水平，表4-5中反映减少风险的农药用量和农民知识技能水平变量系数不显著。这可能进一步证明了农民的病虫害防治效果不一定与农药用量相联系。生产上的经验往往是病虫害发生越重，打药越多；与此同时，对作物产量的影响也越大，产量也越低。

农户的知识技能水平显著影响设施番茄的产量。产量方程中考试分数变量达到极显著水平且为正值（表4-4，表4-5），对数线性模型（表4-4）和风险控制生产函数模型（表4-5）中考试分数变量的估计系数分别为0.732和0.784，表明农户的考试分数提高1%，设施番茄产量将提高0.732%～0.784%。说明农户的知识和技能水平对设施番茄产量有非常敏感的影响，农户设施番茄生产知识和技能水平较小的提高便可使产量有较大比例的提高。这一结果的政策含义在于，通过培训等措施提高农民的生产知识和技能，便可有效提高农户的设施番茄产量。

若将知识技能方程的估计结果和产量方程的估计结果结合分析，则可以得出农民田间学校的效果及其技术信息扩散的效果。由于田间学校村学员和同村非学员分别比对照村农户的生产知识与技能高（表4-4，表4-5），从而由于田间学校的培训效果所引起的增产作用为15.5%（=0.212×0.732）～16.6%（=0.212×0.784）；农民田间学校技术信息的扩散效果所引起的增产作用为5.5%（=0.076×0.732）～6.2%（=0.079×0.784）。这一结果与表4-5得出的结果虽有出入，但出入不大。

除上述研究的目标变量外，一些控制变量也显示了有意思的估计结果（表4-4，表4-5）。农户家庭特征变量中，男性户主的知识与技能达到显著水平且为正值（系数为0.128），表明在控制其他因素的条件下，男性户主农户的设施番茄生产知识和技能平均比女性户主农户高12.8%，这也与目前农村的实际情况相符合。户主务农时间变量系数为显著的正值（系数为0.003），表明户主务农时间越多，其设施番茄生产的知识和技能水平越高，这主要与其生产经验有关。农户的人均固定资产变量系数为正值（系数为0.033），表明人均固定资产越高的农户，其设施生产知识与技能也越高，这也与实际情况相符合。通常情况下，目前中国农村地区农民的收入水平与智力水平密切相关，智力水平越高的农户，其赚钱能力越强，其具有比其他农户较高的接受新知识和技能的能力。

秋茬番茄变量系数在农药方程中为正值且达到显著水平（表4-4，表4-5），表明在秋茬番茄生产上农民用了更多的农药。该变量系数为0.668，表明在控制其他因素的条件下，秋茬番茄比春茬番茄平均要多用66.8%的农药。然而，即使在多用农药的情况下，该变量系数在产量方程中的极显著负值表明，秋茬番茄比春茬番茄产量低14.4%～16.7%。结合生产实际分析，这主要是由于秋季处于病虫害高发期，秋茬番茄农药的用量投入比较大。同时，秋茬番茄生产周期和春茬相比明显较短，这是导致秋茬番茄产量偏低的主要原因。

虽然樱桃品种变量系数在农药方程和产量方程中分别为负值且达到显著水平（表4-4、表4-5），表明在控制其他因素的条件下，与普通品种相比，樱桃品种的产量显著低于普通品种（比普通品种低17.5%～25.1%），但普通品种的农药用量要比樱桃品种高1.464～1.467倍。

需要特别注意的是，主要投入变量中除农药投入外，仅劳动投入和灌溉投入变量的系数达到了显著水平（表4-4、表4-5）。一方面表明设施番茄生产需要较多的劳动投入和灌溉投入，劳动密集型及科学的灌溉是设施生产的重要特点；另一方面也表明目前北京市的设施番茄生产存在着化肥施用过量的现象，农民增加化肥投入不能显著提高番茄的产量。这也表明减少化肥投入将是未来北京市设施番茄生产技术应该重视的环节。

第六节　本章小结

农民田间学校的各项活动显著地提高了农户的基本生产知识与技能，而这些能力的改进有效提高了农户的生产水平。本研究也发现，农民田间学校学员能力的提高不仅来源于政府相关部门对农民田间学校学员的培训活动，而且也可能来源于农民田间学校学员日常活动间的相互交流。从这一意义上讲，作为一有效提高农民基本的农业生产知识与技能的机制，农民田间学校发挥了重要作用。为此，将农民组织起来，通过加强其相互间的交流，可以有效提高农民的生产知识和技能，从而有利于提高其农业生产水平和生产率。

农民田间学校活动通过提高农户的生产知识与技能。对2009年设施番茄农民田间学校村学员培训前后知识与技能测试成绩纵向对比研究表明，培训后学员的平均成绩由52.9分提高到74.7分，知识技能水平平均提高了41.3%。农民田间学校村学员知识与技能水平的横向比较研究表明，与同村非学员和对照村农户相比，分别提高13.7%和21.8%；在控制其他因素的条件下，田间学校村学员户的生产管理知识与技能水平与同村非学员和对照村农户相比，分别提高21.2%和7.6%～7.9%。无论是纵向对比和横向对比，还是直接比较和模型分析，结果表明通过农民田间学校等培训活动提高了农民的生产管理知识水平。同村非学员知识与技能水平的提高，表明技术信息在本村有明显扩散。

农民田间学校活动通过提高农户的生产知识与技能，显著提高了农民设施番茄生产的产量。本研究表明，与对照村农户相比，在控制其他因素的条件下，田间学校村学员户和同村非学员户的生产管理知识与技能水平显著提高，由此带动了他们设施番茄产量分别提高了 15.5%～16.6% 和 5.5%～6.2%。表明农民生产管理知识与技能的提高，可以显著提高学员设施番茄产量水平，但同村非学员的产量水平提高未达到显著水平。因此，通过农民田间学校等培训活动提高农民学员的生产管理知识水平，是显著提高农民产量的有效途径。

农民田间学校学员设施番茄生产的农药施用量并不低于对照农户。虽然本研究发现农民田间学校活动通过提高农民的生产知识与技能显著提高了农户的设施番茄产量，但并未使农民的农药用量减少。在未来田间学校培训等活动中，需要加强这一方面的培训，使农民在不增加成本和不降低产量的条件下，有效减少农药投入，从而提高产品的质量，保护生态环境，改善产品的食用安全性。

第五章 农民田间学校对农业生产投入和产出的影响

对农民田间学校影响的评估主要集中在对产量、收入和农药投入减少的影响。Suwanna Praneetvatakull 等对泰国水稻农民田间学校研究结果表明,培训农户短期内能够显著减少农药使用量,并且这种减少能够在培训后持续几年时间,但对水稻的毛收入影响在培训前后没有显著差异。斯里兰卡的评估结果表明:接受农民田间学校培训的农户农药用量减少,而且水稻产量增加 25%。孟加拉国类似的研究表明:农民田间学校农户和类似的非农民田间学校农户相比,水稻产量增加 8%~13%,越南、加纳、科特迪瓦、布基纳法索等也有类似的研究报道。在农户收入增加方面,斯里兰卡达到 40%,泰国 30%,中国达到 25%。

以前的研究结果表明,不同国家的农民田间学校对生产投入和产出的影响不尽相同,而北京农民田间学校对农户生产投入和产出的影响到底如何?政府的公共投资的回报率有多高?是否值得持续开展下去等问题均需要进一步研究明确。本章将通过描述性分析和模型分析方法,对北京农民田间学校对农户生产投入(农药、化肥、灌溉等)和产出(产量和净效益),以及资金回报率、劳动回报率等影响进行了评估,为田间学校下一步发展提供决策依据。

第一节 农民田间学校对农业生产投入影响的描述分析

一、农民田间学校对农药投入影响的描述分析

农民田间学校村学员的农药投入略高于非学员和对照村农户,在农药施用次数上农民田间学校学员与对照村农户几乎相同(表 5-1),分别为 13.2 次和 13 次,但显著高于同村非学员户的 10.4 次;在农药投入成本(4 800 元/公顷)和投入量(40.6 千克/公顷)上均略高于对照村农户的 4 200 元/公顷和 39 千克/公顷,但远高于同村非学员户的 3 700 元/公顷和 33.8 千克/公顷。同村非学员户农民的农药用量和次数显著低于学员户可能与其管理水平较低有关。调查发现,非学员户农民虽然用药量少于学员户,但平均每次农药施用量

则达到 3.24 千克/公顷，高于学员户的 3.08 千克/公顷，比学员户多 5%。非学员户在设施番茄生产管理上较学员户粗放，这可以从非学员户的家庭特征来解释。本研究调查发现，与学员户比较，同村的非学员户的人均固定资产要低于学员户；同时，设施番茄种植年龄要小于学员户，表明其设施番茄生产经验少于学员户。以上比较表明这些非学员户的农业生产经验与学员户可能存在一定的差异。

表 5-1　农民设施番茄农药投入比较

项　　目	田间学校村学员户	同村比较		与对照村比较	
		非学员户	增加（%）	对照村户	增加（%）
观察值数	200	79	—	156	—
施药次数（次）	13.2	10.4	26.3a	13.0	1.7
农药成本/（元/公顷）	4 800	3 700	30 100a	4 200	14 600
农药用量/（千克/公顷）	40.6	33.8	20.1	39.0	4.1
平均每次施药量/（千克/公顷）	3.08	3.24	-5.0	3.01	2.3

注：1. 资料来源为笔者调查。

2. a 表示与田间学校学员户相比差异显著（$P < 0.05$），未标字母表示差异不显著。

二、农民田间学校对化肥投入影响的描述分析

在化肥施用次数上农民田间学校村学员平均施 6.9 次化肥，虽然与同村非学员户（6.8 次）无显著差异，但比对照村农户（6.0 次）多 0.9 次（表 5-2）；

表 5-2　农民设施番茄化肥投入比较

项　　目	田间学校村学员户	同村比较		与对照村比较	
		非学员户	增加（%）	对照村户	增加（%）
观察值数	200	79	—	156	—
施肥次数（次）	6.9	6.8	0.4	6.0	13.6a
肥料成本（元/公顷）	13 600	12 400	9 600	13 200	3 100
化肥用量（千克/公顷）*	2 893.9	2 362.2	22.5	2 796.4	3.5
纯氮（N）肥用量（千克/公顷）	429.9	410.9	4.6	536.2	-19.8a
纯磷（P_2O_5）肥用量（千克/公顷）	315.4	244.7	28.9a	339.9	-7.2
纯钾（K_2O）肥用量（千克/公顷）	398.5	419.5	-5.0	357.5	11.5

注：1. 资料来源为笔者调查。

2. * 指折纯量。

3. a 表示与田间学校学员户相比差异显著（$P < 0.05$），未标字母表示差异不显著。

而化肥投入费用分别比同村非学员户和对照村农户高 9.6％和 3.1％。若从施肥品种分析，则可以发现，田间学校学员的纯氮和纯磷用量比同村非学员分别多 4.6％和 28.9％，但钾肥少 5％。田间学校学员的纯氮和纯磷用量比对照村农户则少 19.8％和 7.2％，但纯钾用量多 11.5％，这种现象可能是由于非学员户管理比学员户管理粗放所造成的。

三、农民田间学校对灌溉用水量影响的描述分析

与同村非学员和对照村农户相比，农民田间学校学员的设施番茄生产灌溉次数（图 5-1a）平均达到 9.5 次，比同村非学员的 8.7 次高 0.8 次，比对照村农户的 8.1 次高 1.4 次。然而，若从用水量比较（图 5-1b），则田间学校学员用水量为 4 200 吨/公顷，分别比同村非学员的 4 300 吨/公顷和对照村农户的 4 800 吨/公顷减少 2.3％和 12.5％，表明农民田间学校培训显著地减少了农民的设施番茄生产用水量。

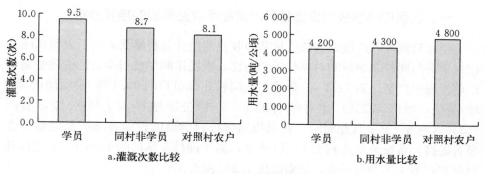

图 5-1　农民设施番茄灌溉投入比较

四、农民田间学校对劳动力投入影响的描述分析

与同村非学员和对照村农户相比，农民田间学校学员的设施番茄生产平均劳动投入为 1 466 天/公顷，比对照村的 1 595 天/公顷少 129 天（减少 8.1％），但与同村非学员户（1 468 天/公顷）几乎没有差别（图 5-2a）。而与之不同，农民田间学校学员资金总投入平均达到 39 700 元/公顷，高于同村非学员的 37 200 元/公顷和对照村农户的 36 600 元/公顷（图 5-2b），分别增加了 6.7％和 8.5％。表明相对于同村非学员和对照村农户，农民田间学校学员较多地投入了资金，并以资金投入替代劳动投入。

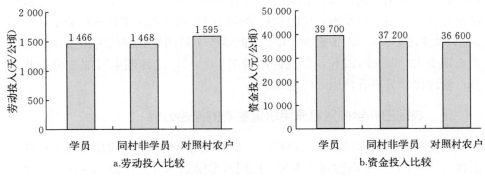

图 5-2 农民大棚番茄劳动投入和资金投入的比较

第二节 农民田间学校对番茄产出
影响的描述分析

一、农民田间学校对设施番茄产量和净收益影响的描述分析

经过对调查农户设施番茄产量和净收益的统计分析结果表明：农民田间学校村学员与同村非学员和对照村农户相比，农民田间学校村学员的设施番茄生产单位面积产量达到 72.7 吨/公顷，比同村非学员户的 69.1 吨/公顷增产 3.6 吨/公顷，增产 5.2%；比对照村的 67.8 吨/公顷增产 4.9 吨/公顷，增产 7.2%（表 5-3）。与此同时，农民田间学校村学员的设施番茄产品商品性也显著提高，番茄价格达到 1.70 元/千克，高于同村非学员的 1.68 元/千克和对照村农户的 1.57 元/千克，分别高出 1.2% 和 8.3%。

表 5-3 农民设施番茄产出情况

项 目	田间学校村学员户	同村比较		与对照村比较	
		非学员户	增加（%）	对照村农户	增加（%）
番茄产量（吨/公顷）	72.70	69.10	5.20	67.80	7.20a
番茄价格（元/千克）	1.70	1.68	1.20	1.57	8.20a
净收入（元/公顷）	80 390	71 850	11 900	70 680	13 700a

注：1. 资料来源为笔者调查。

2. a 表示与田间学校学员户相比差异显著（$P<0.05$），未标字母表示差异不显著。

与产量和番茄价格提高类似，农民田间学校村学员设施番茄生产的单位净收入均高于同村非学员和对照村农户（表 5-3）。其中设施番茄的单位面积净收入（总收入减去物质投入）田间学校村学员达到 80 390 元/公顷，分别比同村非学员的 71 850 元/公顷和对照村农户的 70 680 元/公顷高 11.90% 和 13.74%。表明农民田间学校使农民获得了显著的增产和增收效果。

二、农民田间学校对设施番茄生产劳动和资金回报率影响的描述分析

与产量和番茄价格提高类似，农民田间学校村学员设施番茄生产资金、劳动回报率等均高于同村非学员和对照村农户（表 5-4）。资金回报率分别比同村非学员和对照村农户增加 2.1% 和 15.2%；劳动回报率分别增加 7.7% 和 24.4%。

表 5-4　农民设施番茄生产劳动与资金回报率

项　　目	田间学校村学员户	同村比较		与对照村比较	
		非学员户	增加（%）	对照村农户	增加（%）
资金回报率（元/元）	2.64	2.58	2.10	2.29	15.20
劳动回报率（元/时）	8.25	7.66	7.70	6.64	24.40a

注：1. 资料来源为笔者调查。

2. a 表示与田间学校学员户相比差异显著（$P<0.05$），未标字母表示差异不显著。

第三节　农民田间学校对生产投入产出影响的模型设定及估计方法

上述分析未能控制农户特征等因素对农民田间学校活动效果的影响。为了研究农民田间学校活动的净效果，本文研究将采用计量经济学方法。所采用的研究模型为：

$$Y = f(FS, VFS, VA, SE, FA, RE) \qquad (5-1)$$

式（5-1）主要研究农民田间学校活动对农户设施番茄生产投入和产出的影响，并假定农民田间学校的各种活动（包括培训和其他活动）直接影响到农民田间学校村学员户设施番茄生产的投入和产出。式（5-1）中，Y 是用来研究农民田间学校活动效果的变量，包括设施番茄产量和净收入，劳动、化肥、农药、灌溉、资金等*投入变量，劳动生产率、资金生产率等生产变量等。FS 是表示农民田间学校村学员户的变量。本文研究假定，在控制其他影响因素的

---

* 本研究所用的资金投入是指农民设施番茄生产中除劳动投入外的其他物质投入费用的总和，包括化肥、农药、机械、灌溉、设施维护等。因考虑化肥、农药和灌溉等投入与环境等相关，具有较强的政策含义，故本研究分别将其列出进行分析。

条件下，农民田间学校村学员户设施番茄生产的投入和产出等显著不同于非学员户。VFS 是表示农民田间学校村非学员户的变量（对照Ⅰ）。该变量用来研究田间学校的技术扩散效果。本文研究假定，在控制其他影响因素的情况下，农民田间学校村非学员户设施番茄生产的投入和产出等也显著不同于非田间学校村（对照Ⅱ）农户。VA 是表示品种的变量，主要为用于水果的樱桃品种和用于蔬菜的其他普通品种两种。SE 是表示播种季节的变量，主要为秋茬和春茬两种。FA 为农户特征变量，包括家庭人口、户主年龄、户主受教育年限、户主是否村干部、户主务农时间比例、家庭非农就业比例和人均固定资产等变量。RE 是地区虚拟变量，包括 4 个调查样本区的虚拟变量。

在模型估计时，农民田间学校村学员户变量以是否农民田间学校村学员户虚拟变量表示，同时，以同村的农民田间学校村非学员户（对照Ⅰ）虚拟变量估计田间学校技术扩散效果，两个变量分别以对照村农户（对照Ⅱ）作为对照变量。控制变量中，品种虚拟变量以普通品种为对照；播种季节虚拟变量以春茬为对照；村干部虚拟变量以一般农户为对照；地区虚拟变量以密云县为对照。农民田间学校活动对设施番茄的投入效果模型估计结果、产出效果模型估计结果和投入回报率效果模型估计结果分别见表 5-5、表 5-6 和表 5-7。

第四节　农民田间学校对生产投入产出影响的模型估计结果

一、农民田间学校对生产投入影响的模型估计结果

设施番茄生产劳动和主要投入品模型估计结果（表 5-5）显示，控制变量中仅品种、茬口、户主年龄和村干部变量在全部或部分模型中达到显著水平。其中，秋茬番茄变量在农药模型和灌溉模型中均达到显著水平且系数为正值，表明秋茬番茄的农药用量和灌溉次数均多于春茬番茄；樱桃品种变量在农药和三种化肥投入模型中均显著且系数均为负值，表明与普通品种相比，农民在樱桃品种番茄生产中投入了较少的农药和化肥。户主年龄变量在资金总投入和灌溉次数两个模型中也达到了显著水平，且系数均为正值，表明户主年龄越高，其设施番茄生产中投入的资金越多，灌溉的次数也越多；村干部变量在劳动和资金总投入模型中也达到显著水平，且系数均为负值，表明村干部在设施番茄生产中劳动和资金投入均低于一般农户。

目标研究变量农民田间学校村学员户在设施番茄生产各投入模型中表现不同（表 5-5）。其中，农民田间学校村学员户变量在劳动和资金总投入模型中分别达到显著水平且系数分别为负值和正值，表明在控制其他因素的条件下，

农民田间学校村学员户在设施番茄生产中劳动和资金投入分别低于和高于非田间学校村农户，其中，劳动投入比非田间学校村农户少 9.12%，资金总投入比非田间学校村农户多 8.43%。田间学校村非学员户变量在劳动和资金总投入模型中均不显著，表明在控制其他因素的条件下，田间学校村非学员户在设施番茄生产中劳动投入和资金总投入与非田间学校村农户无显著差异，因此，尚不能证明农民田间学校活动所产生的技术扩散影响到非学员户设施番茄生产中资金总投入和劳动投入。

　　农民田间学校村学员户变量在农药投入模型、灌溉投入模型和三种化肥投入模型中均未达到显著水平（表 5-5）。这表明，在控制其他因素的条件下，农民田间学校村学员户在设施番茄生产中的农药、灌溉和化肥投入与非田间学校村农户相比并无显著差异，表明农民田间学校活动并未影响到其学员户的农药、灌溉和化肥投入量。田间学校村非学员户变量在农药投入和氮肥投入模型中达到了显著水平且系数为负值（表 5-5），这可能与田间学校村非学员户种植设施番茄的年限较低，管理粗放有关。

表 5-5 农民田间学校活动对设施番茄生产投入效果影响模型（对数）估计结果

项　　目	劳动投入（工日/公顷）	主要物质投入					
		资金合计（元/公顷）	农药用量（千克/公顷）	灌溉次数（次）	氮肥用量（千克/公顷）	磷肥用量（千克/公顷）	钾肥用量（千克/公顷）
田间学校虚拟变量（非田间学校村农户为对照）							
田间学校村学员户	−0.091*	0.084*	0.144	0.088	−0.100	0.566	0.559
	(0.05)	(0.05)	(0.31)	(0.06)	(0.27)	(0.45)	(0.45)
田间学校村非学员户	−0.087	0.017	−0.758*	−0.008	−0.949***	−0.732	0.777
	(0.06)	(0.06)	(0.41)	(0.07)	(0.35)	(0.58)	(0.58)
秋茬番茄虚拟变量	−0.014	−0.056	0.675**	0.111*	−0.280	0.137	−0.339
（春茬番茄为对照）	(0.05)	(0.05)	(0.33)	(0.06)	(0.29)	(0.47)	(0.48)
樱桃品种虚拟变量	0.031	0.019	−1.946***	0.139	−4.592***	−2.502**	−1.988*
（普通品种为对照）	(0.12)	(0.11)	(0.75)	(0.13)	(0.65)	(1.07)	(1.07)
农户特征变量							
家庭人口（人）	−0.093	−0.051	0.845	0.008	0.452	−0.518	−0.196
	(0.09)	(0.09)	(0.61)	(0.11)	(0.53)	(0.86)	(0.87)
户主性别虚拟变量	0.076	−0.006	−0.0310	−0.092	0.090	−0.189	0.356
（女性为对照）	(0.05)	(0.05)	(0.34)	(0.06)	(0.29)	(0.48)	(0.49)

（续）

项　　目	劳动投入（工日/公顷）	主要物质投入					
		资金合计（元/公顷）	农药用量（千克/公顷）	灌溉次数（次）	氮肥用量（千克/公顷）	磷肥用量（千克/公顷）	钾肥用量（千克/公顷）
户主年龄（岁）	0.177	0.276**	0.669	0.385**	0.363	1.553	1.474
	(0.13)	(0.13)	(0.86)	(0.15)	(0.75)	(1.23)	(1.24)
户主受教育年限（年）	0.013	−0.008	−0.020	0.027	−0.107	0.085	0.060
	(0.02)	(0.02)	(0.11)	(0.02)	(0.10)	(0.16)	(0.16)
村干部虚拟变量（非村干部为对照）	−0.177*	−0.284***	0.259	−0.106	−0.313	−0.920	−1.548*
	(0.09)	(0.09)	(0.59)	(0.11)	(0.51)	(0.84)	(0.84)
户主务农时间比例（%）	0.000 1	0.001	0.003	−0.005***	−0.018**	−0.006	−0.009
	(0.001)	(0.001)	(0.01)	(0.002)	(0.01)	(0.01)	(0.01)
家庭非农就业比例（%）	0.087	0.158	−0.753	−0.000 3	0.017	2.699*	1.820
	(0.15)	(0.15)	(0.99)	(0.18)	(0.86)	(1.41)	(1.42)
人均固定资产（元/人）	−0.017	−0.020	0.110	0.030	−0.023	0.165	0.185
	(0.02)	(0.02)	(0.13)	(0.02)	(0.11)	(0.19)	(0.19)
常数项	8.994***	9.614***	4.281	0.672	5.445*	−7.423	−8.725*
	(0.56)	(0.55)	(3.67)	(0.66)	(3.19)	(5.23)	(5.27)
R^2	0.203	0.167	0.089	0.087	0.211	0.264	0.348

注：表中括号内数字为相应系数的估计标准误；***、**、*分别表示在1%、5%、10%水平上显著；上述模型的观察值数均为435，模型估计时均放入了区（县）虚拟变量，但考虑篇幅本表未列入。

二、农民田间学校对产出影响的模型估计结果

设施番茄产量和净收入模型的估计结果（表5-6）显示，产量和净收入模型中秋茬番茄变量显著且系数为负值，表明秋茬番茄产量和净收入显著低于春茬番茄（分别低17.4%和18.5%）。产量模型中樱桃品种变量显著且系数为负值，表明用于水果的樱桃品种番茄的产量显著低于普通品种番茄（低21.5%）；然而，净收入模型中樱桃品种变量则未达到显著水平但系数为负值，表明樱桃品种的净收入与其他普通品种无显著差异。农户特征变量中，户主受教育年限变量在净收入对数模型中显著且系数为正值，表明户主受教育水平越高，其净收入越高；人均固定资产变量在产量模型和净收入模型中也均达到了显著水平且均为正值，表明农户的富裕程度影响了设施番茄的产量和净收入，富裕农户的设施番茄产量和净收入要高于较贫困的农户。投入变量中，劳动投

入和灌溉投入在产量模型中均达到了显著水平且为正值，表明在北京市的生产水平下，劳动和灌溉投入的增加仍可显著提高设施番茄的产量；而产量和净收入对数模型中农药投入变量系数为负值且达到显著水平，表明农药使用量和病虫害发生的程度关系较为密切，病虫害发生程度越重，农户农药使用量越多，一方面病虫害导致产量下降，另一方面成本增加导致净收入减少。

设施番茄产量线性模型和对数模型中目标研究变量农民田间学校村学员户和农民田间学校村非学员户均达到了显著水平（表5-6）。这表明，在控制其他因素的条件下，农民田间学校的各项活动显著提高了农民的设施番茄产量。其中，农民田间学校活动对产量影响的净效果（农民田间学校村学员户变量的系数）达到每公顷净增番茄产量8 649千克（线性模型结果）或者15.9%（对数模型结果）；农民田间学校活动带来的技术扩散对番茄产量的影响（农民田间学校村非学员户变量的系数）达到每公顷净增番茄产量7 433千克（线性模型结果）或者11.9%（对数模型结果），由于农民田间学校村非学员户的设施番茄生产经验差于学员户，经济上也相对贫困，因此，这一技术扩散效果应为最低值。

与产量模型估计结果不同，净收入线性模型和对数模型中农民田间学校村学员户变量均达到了显著水平（表5-6），而非学员户变量则未达到显著水平。这表明，与对照村农户相比，在控制其他因素的条件下，农民田间学校活动对农民设施番茄生产净收入的影响达到显著水平。其中，农民田间学校活动对净收入的影响（农民田间学校村学员户变量的系数）达到每公顷番茄生产净收入净增11 801元（线性模型结果）或者24.2%（对数模型结果）；农民田间学校活动所带来的技术扩散效果对设施番茄生产净收入的影响（农民田间学校村非学员户变量的系数）与对照村农户生产相比，则无显著差异。这与该类农户生产的番茄出售价格较低有关。

表5-6　农民田间学校活动对设施番茄产出效果影响模型估计结果

项　　目	线性模型		对数模型	
	产量（千克/公顷）	净收入（元/公顷）	产量（千克/公顷）	净收入（元/公顷）
农民田间学校虚拟变量（非田间学校村农户为对照）				
田间学校村学员户	8 649***	11 801**	0.159***	0.242***
	(2 480)	(5 293)	(0.03)	(0.08)
田间学校村非学员户	7 433**	6 731	0.119**	0.139
	(3 161)	(6 744)	(0.05)	(0.11)

（续）

项　目	线性模型		对数模型	
	产量 （千克/公顷）	净收入 （元/公顷）	产量 （千克/公顷）	净收入 （元/公顷）
秋茬番茄虚拟变量（春茬番茄为对照）	−11 716***	−15 798***	−0.174***	−0.185**
	（2 572）	（5 489）	（0.04）	（0.09）
樱桃品种虚拟变量（普通品种为对照）	−11 546**	−10 421	−0.215**	−0.131
	（5 760）	（12 291）	（0.09）	（0.21）
农户特征变量				
家庭人口（人）	−1 394	−2 894	−0.047	0.031
	（1 198）	（2 557）	（0.07）	（0.15）
户主性别虚拟变量（女性为对照）	−721.6	−2 036	−0.020	−0.110
	（2 616）	（5 583）	（0.04）	（0.09）
户主年龄（岁）	81.26	−47.48	−0.001	0.020
	（155.5）	（331.7）	（0.10）	（0.22）
户主受教育年限（年）	154.6	1 742	0.007	0.053*
	（509.4）	（1 087）	（0.01）	（0.03）
村干部虚拟变量（非村干部为对照）	89.13	5 426	−0.030	0.214
	（4 579）	（9 771）	（0.07）	（0.15）
户主当年务农时间比例（%）	93.7	−121.5	0.002	−0.001
	（67.5）	（144.1）	（0.001）	（0.002）
家庭非农就业比例（%）	9 362	5 535	0.074	0.089
	（7 069）	（15 084）	（0.12）	（0.25）
人均固定资产（元/人）	2.47	9.44	0.029*	0.071**
	（6.04）	（1.29）	（0.02）	（0.03）
投入变量				
劳动力投入（天/公顷）	0.524***	−0.266	0.119***	0.123
	（0.18）	（0.38）	（0.04）	（0.09）
机械投入（元/公顷）	1.00	−6.16*	0.001	−0.006
	（1.64）	（3.50）	（0.002）	（0.02）
化肥投入				
纯氮（N）投入（千克/公顷）	−1.75	−2.65	−0.005	0.006
	（3.18）	（6.79）	（0.01）	（0.02）

（续）

项　　目	线性模型		对数模型	
	产量 （千克/公顷）	净收入 （元/公顷）	产量 （千克/公顷）	净收入 （元/公顷）
纯磷（P$_2$O$_5$）投入（千克/公顷）	−1.09	−0.88	0.004	0.002
	(2.47)	(5.28)	(0.01)	(0.01)
纯钾（K$_2$O）投入（千克/公顷）	1.65	−7.09	−0.006	−0.002
	(2.74)	(5.85)	(0.01)	(0.01)
农药投入（千克/公顷）	−28.42	−88.49	−0.011*	−0.032**
	(29.60)	(63.15)	(0.01)	(0.01)
灌溉次数（次）	464.9*	426.0	0.081**	0.029
	(237.2)	(506.2)	(0.04)	(0.08)
常数项	33 976***	92 524***	9.255***	9.201***
	(12 353)	(26 362)	(0.55)	(1.22)
R^2	0.217	0.190	0.258	0.167

注：1. 资料来源为笔者调查。

2. 表中括号内数字为相应系数的估计标准误；***、**、* 分别表示在1%、5%、10%水平上显著；上述模型的观察值数均为435，模型估计时均放入了区（县）虚拟变量，但考虑篇幅本表未列入。

三、农民田间学校对生产投入回报率影响的模型估计结果

假定农民田间学校的培训效果直接影响到学员户的设施番茄生产投入回报率。设施番茄生产资金和劳动回报率模型的估计结果表明（表5-7），仅少数变量达到了显著水平。具体而言，在控制变量中，秋茬番茄变量在资金回报率和劳动回报率模型中均达到显著水平且系数均为负值，表明秋茬番茄生产的资金回报率和劳动回报率显著低于春茬番茄，这与产出效果模型的估计结果（表5-6）一致；户主受教育年限变量在两个模型中也达到显著水平且系数均为正值，表明户主受教育水平越高，其设施番茄生产的资金和劳动回报率也越高。另外，资金回报率模型中村干部变量也达到显著水平且系数为正值，表明村干部设施番茄生产的资金回报率也高于一般农户。

目标研究变量农民田间学校村学员户在设施番茄生产资金回报率模型和劳动回报率模型中表现不同（表5-7）。其中，该变量在资金回报率模型中未达到显著水平，但在劳动回报率模型中达到显著水平。这表明，与对照村农户相比，在控制其他因素的条件下，农民田间学校村学员户设施番茄生产的资金回报率与对照村农户无显著差别；而与此不同的是，在控制其他因素的条件下，农民

田间学校村学员户设施番茄生产的劳动回报率显著高于对照村农户，前者比后者高 1.649 元/天，表明田间学校学员户的设施番茄生产有较高的劳动回报率。

需要说明的是，农民田间学校村非学员户变量在设施番茄生产资金回报率模型和劳动回报率模型中均未达到显著水平（表 5-7）。这表明，与对照村农户相比，在控制其他因素的条件下，农民田间学校村非学员户设施番茄生产的资金回报率和劳动回报率与对照村农户均无显著差别。因此，尚不能证明农民田间学校活动的技术扩散具有提高非学员户设施番茄生产资金回报率和劳动回报率的效果。

表 5-7　农民田间学校对设施番茄生产资金和劳动回报率影响的模型估计结果

项　　目	资金回报率（元/元）	劳动回报率（元/天）
农民田间学校虚拟变量（非田间学校村农户为对照）		
田间学校村学员户	0.376	1.649**
	(0.26)	(0.68)
田间学校村非学员户	0.446	1.217
	(0.34)	(0.87)
秋茬番茄虚拟变量（春茬番茄为对照）	−0.659**	−1.426**
	(0.26)	(0.72)
樱桃品种虚拟变量（普通品种为对照）	−0.669	−0.758
	(0.62)	(1.60)
农户特征变量		
家庭人口（人）	−0.128	−0.137
	(0.13)	(0.33)
户主性别虚拟变量（女性为对照）	0.011	−1.082
	(0.23)	(0.72)
户主年龄（岁）	0.002	−0.015
	(0.02)	(0.04)
户主受教育年限（年）	0.177***	0.345**
	(0.05)	(0.14)
村干部虚拟变量（非村干部为对照）	0.912*	2.013
	(0.49)	(1.28)
户主务农时间比例（%）	−0.006	−0.019
	(0.01)	(0.02)

（续）

项　　目	资金回报率（元/元）	劳动回报率（元/天）
家庭非农就业比例（%）	0.102	−0.293
	(0.76)	(1.97)
人均固定资产（元/人）	−0.000	−0.000
	(0.00)	(0.00)
常数项	1.874	7.729**
	(1.25)	(3.25)
R^2	0.092	0.063

注：1. 资料来源为笔者调查。

　　2. 表中括号内数字为相应系数的估计标准误；***、**、* 分别表示在1%、5%、10%水平上显著；
　　　上述模型的观察值数均为435，模型估计时均放入了区（县）虚拟变量，但考虑篇幅本表未列入。

第五节　本章小结

本部分的研究发现，农民田间学校减少了劳动力的投入，但资金的投入也显著增加。另外，农民田间学校村学员户设施番茄生产中农药、化肥和灌溉投入并不低于非田间学校村农户。在控制其他因素的条件下，农民田间学校村学员户在设施番茄生产中的农药施用量、化肥施用量和灌溉次数与对照的非田间学校村农户相比，并无显著差异。这表明，设施番茄农民田间学校在提高学员户农药、化肥和灌溉投入效率上仍有较长的路要走，需要政府相关技术部门做出更多的努力，使农户采用更多的提高农药、化肥和灌溉投入效率的技术。

农民田间学校显著增加了北京市农民的设施番茄产量与净收入，取得了较高的经济与社会效益。研究表明，在控制其他因素的条件下，与对照村农户相比，农民田间学校村学员户的设施番茄产量要高出 8 649 千克/公顷或者15.9%，净收入要高出 11 801 元/公顷或者24.2%。如此高的回报率表明北京市政府对农民田间学校各项培训的经费投入取得了良好的效果。因此，继续扩大农民田间学校的规模，加强对农民田间学校的资金投入，不仅对于促进北京市郊区农村经济发展、提高农民收入具有重要的现实意义，而且北京市发展农民田间学校的经验对于全国其他地区开办农民田间学校和农业技术推广体系改革也具有重要的借鉴意义。

农民田间学校培训的技术信息得到扩散，但未能使接受新技术信息农民在增产的同时增收。研究表明，在控制其他因素的条件下，虽然与农民田间学校村学员户相比，农民田间学校村非学员户（对照农户Ⅰ）的番茄产量要低4%，但其比未设田间学校村的对照村农户（对照农户Ⅱ）相比则要高7 433千克/公顷或者11.9%，表明农民田间学校培训的技术信息得到有效扩散。然而，若从净收入相比，则农民田间学校村非学员户与对照村农户（对照农户Ⅰ与对照农户Ⅱ）相比高6 731元/公顷或者13.9%，但无显著差异。调查发现，农民田间学校的培训活动不仅涉及田间管理技术，而且涉及相关产品质量、产品销售与合作经营的知识和技术。非学员户虽然设施番茄的管理技术得到了提高，但多数非学员户的产品质量较差，产品价格低于学员户。表明农民田间学校的技术扩散效果虽然提高了农户的设施番茄产量，但由于未能使其完全掌握相关的综合知识与技术，导致其增产不增收的结果。

农民田间学校显著提高了农户设施番茄生产的劳动回报率，尽管资金回报率有增加，但未能显著改善其资金回报率。这可能是由于田间学校学员户所接受的技术中，有关提高资金投入效率的技术稍显缺乏；也可能是由于这些学员户在生产中采用了以资金替代劳动的技术。应加强对目前农民田间学校村学员户采用的技术规范的研究，探索在进一步提高其劳动回报率的同时，提高其资金回报率的可能性，并在未来农民田间学校的各项培训活动中，加强这方面的培训。

第六章 农民田间学校对农民环境意识及生产行为的影响

中国农业生产已成为最大污染源（朱兆良，2003）和最大温室气体排放源（PCC，2007），如何使农民在生产中更多地采用环境友好型技术，以保障农业与环境的可持续发展，已引起政府、学者和全社会的广泛关注。在绿色革命的背景下，各种关于病虫害综合防治技术（IPM）的推广方式都试图解决亚洲水稻种植中存在的农药过度使用问题（Kenmore，1996；Roling 等，1994）。但这些推广方式大多只侧重于知识的传授，并且早期的一些推广方式因过于强调有害生物的数目和经济阈值问题而被批评为太浪费时间，不能引起农民的兴趣（Morse 等，1997）。农民田间学校因其参与式的培训方式极大地调动了农民的积极性，使其在各种推广方式中脱颖而出。

农民田间学校的基本理念是通过培训使农民了解农业生态系统内部的特性，熟悉农药安全使用的方法，进而降低农药施用量以达到保护环境的目的（Tripp，2005；Feder，2003）。虽然农民田间学校主要关注的是农药用量的减少，但目前并无完美的定量方法能衡量农药用量对环境的影响的大小（van den Berg，2007）。本章通过对北京市设施番茄农民田间学校的调查数据，分析了农民田间学校培训对农民生产行为及其生态环境意识的影响。在控制其他因素不变的基础上，采用计量经济学方法研究农民田间学校培训对农民采用友好型施肥与灌溉技术的影响，并以此分析其在改善农民环境保护意识方面的效果。

第一节 农民田间学校培训对农民生产行为的影响分析

为了研究农民田间学校对农民生产行为的影响，本研究采取了直接对农民面对面调查的方法来评价农民田间学校培训对农民设施番茄生产行为方面的影响。调查分别从农民施药时精准施药意识、农药品种选择、防治时期确定和农药科学使用量四个方面进行考察。

首先是关于农药使用中配药的行为差异（表 6-1）。笔者的主要目的是考察农民是否具备良好的用药意识，该题中选项 C 为精准施药方式，选项 B 为最不科学的施药方式。从不同类型农户对答案的选择上可以看出，农民田间学校村学员户采用精准施药的比例达到了 45.5%，精准施药的比例和农民田间学校村非学员户、非田间学校村农户相比，分别提高了 36.6%和 76.4%，农户最不科学施药方式的比例分别降低了 16.6%和 21.3%。由结果分析可以看出，农民田间学校培训对提高学员的精准施药意识具有重要作用，而且对邻近的农户具有辐射带动作用。同时，可以看出，尽管经过农民田间学校培训的学员的精准施药意识得到了显著提高，但 45.5%的比例说明对农民精准施药意识和技术的掌握上仍然需要加强培训与技术推广，才能更好地提高农药的使用效率，减低环境污染。

表 6-1　农药使用中配药行为差异

题目与选项	农户类型	选择各选项农户所占比例（%）				
		A	B	C	D	B+D
你调配农药时，用什么量具？A. 农药瓶盖；B. 估计着直接用瓶子倒；C. 量杯或其他带刻度量具；D. 其他	田间学校村学员户	41.9	12.6	45.5	0.0	12.6
	田间学校村非学员户	51.5	13.6	33.4	1.5	15.1
	非田间学校村农户	58.3	15.2	25.7	0.8	16.0

注：资料来源为笔者调查。

其次为病虫害防治中农药品种选择行为（表 6-2）。本题的考察点是农民田间学校对农民农药使用中判断决策能力分析。由结果统计可见，农民田间学校村学员户能够运用所学知识，自我决定采用防治农药品种的比例达到了 55.7%，和农民田间学校村非学员户、非田间学校村农户相比，分别提高了 31.4%和 14.8%，在农药使用选择上更少地依赖经销商和技术人员，可以看出农民田间学校培训对培养农民分析和基于经验的判断决策能力得到了明显的提高。

表 6-2　病虫害防治中农药选择决策行为差异

题目与选项	农户类型	选择各选项农户所占比例（%）						
		1	2	3	4	5	6	1+2
你在施用农药时，农药品种由谁来决定？1=带着虫子找农药销售商；2=向农业技术员请教；3=看邻居用什么就用什么；4=自己凭经验决定；5=用家里有的农药；6=其他	田间学校村学员户	28.1	16.2	0.0	55.7	0	0	44.3
	田间学校村非学员户	36.4	18.2	1.5	42.4	1.5	0.0	54.6
	非田间学校村农户	37.1	12.9	0.0	48.5	0.0	1.5	50.0

注：资料来源为笔者调查。

第三方面是有关病虫害防治中防治适期决定行为（表6-3）。本题测试点考察的是农民施药时期的选择是否合理，合理的施药时期判断对防治效果有重要作用。在不同类型农户对答案的选择上可以看出，农民田间学校村学员户根据田间情况决定防治时间的比例和农民田间学校村非学员户、非田间学校村农户相比，分别提高了36.0%和76.4%，农户盲目决定施药时期的比例分别降低了16.3%和25.9%。由表6-3可以看出，农民田间学校培训对提高学员根据田间实际情况决定施药时期的意识有显著作用，而且对邻近的农户具有辐射带动作用。也可以看出，尽管经过农民田间学校培训的学员的适期施药的比例得到了显著提高，但45.5%的比例说明农民适期施药意识仍有待提高。

表6-3　病虫害防治中防治适期决定行为差异

题目与选项	农户类型	选择各选项农户所占比例（%）					
		1	2	3	4	5	1+2
你在施用农药时，防治时间由谁来决定？1=看见有虫子就打药；2=别人打药我也打；3=病虫害发生后观察一段时间再说；4=提前预防；5=其他	田间学校村学员户	41.9	12.6	45.5	0	0	54.5
	田间学校村非学员户	51.5	13.6	33.3	1.6	0.1	65.1
	非田间学校村农户	58.3	15.2	25.8	0.7	0	73.5

资料来源：笔者调查。

最后是病虫害防治中农药使用量的行为决策（表6-4）。本题的测试点是考察农民是否按照科学用量施药，合适的用量是经济有效防治的前提。在不同类型农户对答案的选择上可以看出，农民田间学校村学员户按照科学用量使用农药的比例和农民田间学校村非学员户、非田间学校村农户相比分别低22.8%和24.3%，更多的农民田间学校村学员户选择了加量或加倍使用。由表6-4可以看出，农民田间学校培训对提高学员按照科学用量进行防治的意识非常欠缺，在农药使用方面存在误区，亟须加强这方面的技术培训。

表6-4　农药使用量的决策行为差异

题目与选项	农户类型	各选项农户所占比例（%）			
		1	2	3	4
病虫害严重发生时，农药用量：1=按照说明书推荐用量；2=比说明书推荐用量多一点；3=比推荐用量少一点；4=说明书推荐量加倍	田间学校村学员户	28.1	16.2	0	55.7
	田间学校村非学员户	36.4	18.2	1.5	43.49
	非田间学校村农户	37.1	12.9	0	50

资料来源：笔者调查。

第二节　农民田间学校对农户环境友好型技术采用的描述分析

一、农民田间学校对农民环境友好型打药技术采用的影响分析

正确的打药时间对于病虫害防治具有事半功倍的效果。如果打药时间不正确，势必影响到打药效果，进而增加打药次数和农药用量，这将加重对环境的污染。从不同类型农户采用的打药时间来看，农民田间学校村学员施用农药时间正确的比例远高于同村非学员户，但与对照村农户无显著差异（图 6-1）。调查发现，90.0％以上的学员打药时间在上午 10:00 之前或者下午 4:00 之后（一般认为，这一时间为设施生产上病虫害危害的活跃期，农民防治虫害的效果最好）。与之相对应，反映在不确定时间或者在上午 10:00 到下午 4:00 打药的农户仅占 10％。对照村农户与田间学校学员差异不大，即 87.8％的农户打药时间在上午 10:00 之前或者下午 4:00 之后，而在不确定时间或者在上午 10:00 到下午 4:00 之间打药的农户占 12.2％。需要说明的是，有较高比例的田间学校村非学员户未能在正确的时间打药，这一结果进一步表明农民防治病虫害的时间与其生产经验有关。

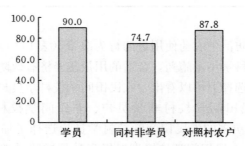

图 6-1　农民采用正确打药时间的比例（％）

二、农民田间学校对农民环境友好型灌溉和施肥技术采用的影响

为了研究农民田间学校对学员环境意识的影响，本研究调查时对其采用的灌溉方式和施肥方式分别进行了调查。其中灌溉方式包括漫灌、喷灌、滴灌、膜下暗灌和其他形式共五种（根据调查结果，本研究将其他形式灌溉也分别分类到前四种方式中），并认为除漫灌外，由于其余四种灌溉方式均考虑了节水及设施室内生态环境的改善（三种方式均可有效降低温室内的湿度，从而减少病害的发生）等因素，为环境友好型灌溉技术。研究发现，目前北京市农民设

施番茄生产采用环境友好型灌溉技术的比例仅为 17.7％。农民田间学校村学员户采用环境友好型灌溉技术的比例远高于同村非学员户和对照村农户（图 6 - 2a）。其中田间学校村学员户采用环境友好型灌溉技术的比例（26％）远高于同村非学员户的 11.4％ 和对照村农户的 10.3％。这表明虽然目前北京市农民设施番茄生产上环境友好型灌溉技术的比例仍较低，但较多的田间学校学员户在生产上注意到了使用正确的灌溉技术来节水和改善设施内环境。

　　本研究也调查了农民的设施番茄生产施肥方式。包括单独施肥、随水施、灌溉后晾干地再施共三种，并认为单独施肥和灌溉后晾干地再施肥可以有效减少化肥的渗漏，从而降低环境污染，因此被认为是环境友好型施肥方式。研究发现，北京市农民设施番茄生产采用环境友好型施肥方式的比例为 21.4％。同采用环境友好型灌溉技术相似，农民田间学校村学员户采用环境友好型施肥方式的比例也仅为 1/4 左右（图 6 - 2b），但远高于同村非学员户和对照村农户。田间学校村学员户采用环境友好型施肥方式的比例（26.5％）远高于同村非学员户的 15.2％ 和对照村农户的 17.9％。这表明较多的田间学校学员在生产上采用了环境友好型施肥技术。

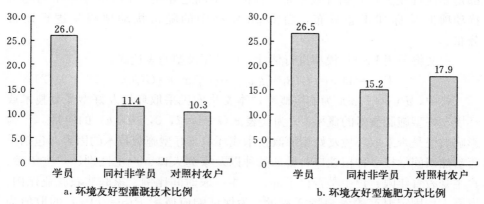

图 6 - 2　农民设施番茄生产采用环境友好型灌溉技术和环境友好型施肥技术的比例（％）

第三节　农民田间学校对农民生产环境意识
影响的模型设定及估计方法

　　描述性统计分析中未能控制农户特征等其他因素对农民环境意识的影响，结果可能会有偏差。为得出控制其他因素后农民田间学校培训对农民环境意识的影响，本研究分别选择农民生产上实际采用的环境友好型灌溉技术和环境友好型施肥技术，并采用 Probit 模型估计了农民田间学校培训对农民环境意识影响的净效果。

因为被解释变量为二值变量，理论上可以采取线性概率模型（LPM）、Probit 模型或 Logit 模型进行估计。但是技术采用的概率要严格地介于 0～1，如果直接采用 LPM 进行估计，就有可能得到小于 0 或大于 1 的预测值。其次，用 LPM 估计出来的任何一个解释变量（以水平值形式出现）的偏效应都是不变的。由于因变量的二值特性，LPM 模型将违背高斯-马尔科夫假定中的同方差假定。因为当因变量是一个二值变量时，其以 x 为条件的方差为

$$Var(y|x)=P(x)\ [1-P(x)] \tag{6-1}$$

式中，$P(x)$ 为成功概率的简记。这意味着，除非 $P(x)$ 与任何一个自变量都不相关，否则，线性概率模型中就一定存在着异方差性。虽然异方差性并不会导致 β_j 的普通最小二乘法（OLS）估计量出现有偏差和不一致的估计，但是其会影响 OLS 估计的有效性。使用更复杂的二值响应模型——Probit 模型或 Logit 模型则可以克服 LPM 的上述缺陷。由于 Probit 模型和 Logit 模型都是非线性模型，其估计效果是一样的，不同之处在于 Probit 模型中的随机扰动项服从标准正态分布，而 Logit 模型中的随机扰动项服从逻辑斯蒂分布。

本文将采用 Probit 模型进行估计。Probit 模型的表达式为

$$P(y=1|x)=G(\beta_0+\beta_1x_1+\cdots+\beta_kx_k)=G(\beta_0+x_\beta) \tag{6-2}$$

式中，$P(y=1|x)$ 为响应概率，本文指农民采取环境友好型灌溉技术或环境友好型施肥技术的概率。x 为代表 $x_i(i=1,2,3,\cdots,k)$ 的向量。x_i 为影响农民是否采取环境友好型灌溉技术或环境友好型施肥技术的因素，包括是否参加田间学校、种植茬口、番茄品种以及家庭人口、户主性别、户主年龄、户主受教育年限、户主是否村干部、户主务农时间比例、家庭非农就业比例、家庭人均固定财产等农户特征变量。为保证响应概率 $P(y=1|x)$ 的取值为 0～1，$G(\cdot)$ 是一个取值范围严格介于 0～1 的服从标准正态的累积分布函数，对于所有 z，都有 $0<G(z)<1$。

从 Probit 模型中，笔者只能得出每个解释变量对响应概率的影响方向，由于 $G(\cdot)$ 为非线性函数，Probit 模型估计出来的系数并不能直接解释为每个解释变量对响应概率的影响大小。为估计每个解释变量对响应概率的边际效应，在 stata 中笔者使用 Dprobit 命令进行估计。在 Probit 模型中，如果 x_i 是一个大致连续的变量，那它对 $P(x)=P(y=1|x)$ 的偏效应可通过如下偏导数得到

$$\frac{\partial P(x)}{\partial x_i} = g(\beta_0 + x\beta) \ \beta_i \qquad (6-3)$$

$$g(z) = \frac{\mathrm{d}G(z)}{\mathrm{d}z} \qquad (6-4)$$

由于 $G(z)$ 是一个严格递增的累积分布函数，于是对所有的 z 都有 $g(z) > 0$。因此，x_i 对 $P(x)$ 的偏效应 $\frac{\partial P(x)}{\partial x_i}$ 总与 β_i 具有一样的符号。如果 x_i 是一个虚拟变量，那么在保持其他变量不变的情况下，x_i 从 0 变化到 1 的偏效应为

$$G(\beta_0 + \beta_1 x_1 + \cdots + \beta_i + \cdots + \beta_k x_k) - G(\beta_0 + \beta_1 x_1 + \cdots + \beta_k x_k) \qquad (6-5)$$

本文中，x_1 表示是否参加田间学校的虚拟变量，那么式（6-2）中 β_1 的符号就代表参加田间学校对农民采取环境友好型灌溉技术或环境友好型施肥技术的影响方向；式（6-5）的大小（Dprobit 的估计系数 β_1）就反映了农民采取环境友好型灌溉技术或环境友好型施肥技术因参加农民田间学校而发生改变的概率。

同理，如果 x_i 代表家庭人口数等离散变量，那么 x_i 从 c_i 变化到 $c_i + 1$ 对概率的影响就是

$$G[\beta_0 + \beta_1 x_1 + \cdots + \beta_i(c_i + 1) + \cdots + \beta_k x_k] - G(\beta_0 + \beta_1 x_1 + \cdots + \beta_i c_i + \cdots + \beta_k x_k) \qquad (6-6)$$

在模型估计时，环境友好型灌溉技术和环境友好型施肥技术的采用均为 0 和 1 变量，即采用环境友好型技术为 1，未采用为 0。为了研究农民田间学校培训对农民环境友好型技术采用的影响，本文以农民田间学校村学员户虚拟变量估计其净效果，同时以同村（即农民田间学校村）的非农民田间学校村学员户（对照 I）虚拟变量估计田间学校技术信息扩散效果，两变量分别以对照村农户作为对照变量。控制变量中的品种变量在模型估计时樱桃品种虚拟变量以普通品种为对照；播种季节变量秋播虚拟变量以春播变量为对照；村干部虚拟变量以一般农户为对照；地区虚拟变量以密云县为对照。

第四节　农民田间学校对农民生产环境意识影响模型的估计结果

设施番茄生产环境意识模型计量估计结果（表 6-5）表明，除田间学校村学员户变量在环境友好型施肥技术模型和环境友好型灌溉技术模型中达到显著水平外，控制变量中仅村干部变量系数在环境友好型灌溉技术模型中达到显著水平。表明农户的设施番茄生产环境友好型技术的采用主要决定于田间学校

培训的效果。在控制其他因素的条件下，标准化后（Dprobit 估计）田间学校村学员户采用环境友好型方式施肥农户的比例比对照村农户高 8.3％，而采用节水灌溉并改变设施内环境方式农户的比例比对照村农户高 14.7％。表明在农民采用环境友好型施肥和灌溉技术的比例仍然较低的条件下，田间学校农民的设施番茄生产采用这些技术的比例显著提高，田间学校对农民的培训活动有效提高了农民的环境意识，使其在生产活动中开始采用这些技术。

表 6-5　农民田间学校对农民生产环境意识影响模型的估计结果

项　　目	环境友好型施肥技术		环境友好型灌溉技术	
	回归系数	边际效应	回归系数	边际效应
田间学校虚拟变量（非田间学校村农户为对照）				
田间学校村学员户	0.292*	0.083*	0.634***	0.147***
	(0.161)	(0.046)	(0.210)	(0.051)
同村非学员户	−0.116	−0.032	−0.117	−0.025
	(0.219)	(0.058)	(0.278)	(0.058)
秋茬番茄虚拟变量（春茬番茄为对照）	0.008	0.002	0.230	0.050
	(0.169)	(0.048)	(0.193)	(0.040)
樱桃品种虚拟变量（普通品种为对照）	−0.243	−0.062	−0.325	−0.062
	(0.387)	(0.089)	(0.387)	(0.061)
农户特征变量				
家庭人口（人）	0.054	0.015	−0.012	−0.003
	(0.077)	(0.022)	(0.102)	(0.023)
户主性别虚拟变量（女性为对照）	0.063	0.017	−0.029	−0.007
	(0.172)	(0.047)	(0.212)	(0.049)
户主年龄（岁）	0.001	0.000	−0.008	−0.002
	(0.010)	(0.003)	(0.012)	(0.003)
户主受教育年限（年）	−0.008	−0.002	0.050	0.011
	(0.034)	(0.010)	(0.043)	(0.010)
村干部虚拟变量（非村干部为对照）	−0.235	−0.061	0.587*	0.168*
	(0.317)	(0.074)	(0.355)	(0.121)
户主务农时间（％）	0.004	0.001	−0.002	−0.001
	(0.005)	(0.001)	(0.005)	(0.001)

（续）

项 目	环境友好型施肥技术		环境友好型灌溉技术	
	回归系数	边际效应	回归系数	边际效应
家庭非农就业比例（%）	0.154	0.044	−0.664	−0.149
	(0.472)	(0.133)	(0.582)	(0.131)
人均固定资产（元/人）	−0.000	−0.000	−0.000	−0.000
	(0.000)	(0.000)	(0.000)	(0.000)
常数项	−1.302		−0.166	
	(0.809)		(0.919)	

注：1. 资料来源为笔者调查。

    2. 表中括号内数字为相应系数的估计标准误；***、**、* 分别表示所估计系数在1%，5%和10%水平上显著；上述模型的观察值数均为435，模型估计时均放入了区（县）虚拟变量，但考虑篇幅本表未列入。

需要说明的是，农民田间学校村非学员户系数在环境友好型施肥技术模型和环境友好型灌溉技术模型中均未达到显著水平（表6-5）。表明与对照村农户相比，在控制其他因素的条件下，农民田间学校村非学员户的环境意识与对照村农户均无显著差别。尚不能证明农民田间学校技术信息的扩散可以增加农户设施番茄生产环境意识的效果。

控制变量中仅村干部变量系数在环境友好型灌溉技术模型中达到显著水平（表6-5），其他控制变量系数均未达到显著水平。表明除田间学校的培训效果可以显著提高农民的环境意识，从而使较多农户在其生产中采用环境友好型施肥技术和灌溉技术外，农户特征等的影响并未达到显著水平。仅较多的村干部在设施番茄生产中采取了环境友好型灌溉技术，绝大多数农户（3/4）在其生产中仍未能考虑环境问题。

第五节　本章小结

本章的研究结果表明，农民田间学校培训活动对环境相关的生产决策行为有明显的影响，在配药中的精准用药意识中，农民田间学校村学员户比例达到了45.5%，与农民田间学校村非学员户和对照村农户相比分别提高36.6%和76.4%；在病虫害防治中的农药防治决策行为中，能自主决策判断的农民田间学校村学员户比例达到了55.7%，与农民田间学校村非学员户和对照村农户相比分别提高31.4%和14.8%；在病虫害防治中防治适期决定行为中，科学确定防治适期农民田间学校村学员户的比例达到了 45.5％，与农民田间学校村非学员户和对照村农户相比分别提高 36.6％ 和 76.4％；在农户的农药使用量决定行为中，科学选择用量的农民田间学校村学员户的比例为 28.1％，与农民田间学校村非学员户和对照村农户相比分别低 22.8％ 和 24.3％。这表明农民田间学校对农户在病虫害防治等意识和综合能力有较好的提升，但对科学选择农药用量方面的培训不足。整体上看，农户精准施药意识、自主决策行为、防治适期掌握和农药用量选择方面的行为意识整体偏低，盲目性仍然比较大，农民田间学校需要加强在这些方面的培训活动，而农民田间学校活动的最大优势在于通过农民参与培训实践活动的过程，能真正理解和掌握以上有害生物防治相关知识，并具备决策能力。因此，需要引起政府和农业技术推广部门的特别关注，探索通过农民田间学校途径解决农民对复杂知识和技能的掌握与应用，只有这样做才能真正解决农民投入品减量控制与农产品安全问题。

农民田间学校学员，采用环境友好型施肥技术和环境友好型灌溉技术农户的比例都只达到全部调查农户的 25％，其他非田间学校学员户采用环境友好型施肥技术的比例也都不超过 20％，采用环境友好型灌溉技术的比例都仅为 10％ 左右。这不仅表明农民采用环境友好型技术的比例仍有巨大的潜力，更重要的是，在培训农民保护环境问题上，仍有很长的路要走，政府应就这些技术开展研究，在不增加农民劳动和资金投入的同时，使更多的农民采用这些技术。

虽然农民对于设施番茄生产采用环境友好型技术的比例仍不高，但本研究模型估计结果表明，在控制其他因素的条件下，农民田间学校培训使田间学校学员户采用环境友好型施肥技术和采用环境友好型灌溉技术的比例均显著高于非田间学校农户，表明通过田间学校培训活动，可以有效提高农民的环境保护意识，促进其采用该类型技术。为此，政府应继续加强对农民田间学校的投入，促进更多的农民采用该类型技术。

目前环境友好型技术采用率较低的一个重要原因在于该类型技术的投入要远高于传统技术，而在不增加投入的条件下，对环境友好型的技术采用则不多。为此，建议政府加强环境友好型技术的研究投入，在为农民提供能显著增产增收和环境友好型技术的同时，促进环境保护和农业生产的可持续发展。同时，进一步完善和规范农民田间学校的培训活动，使农民在接受良好技术培训的基础上，在其生产活动中自觉采用这些技术，实现生产与环境的协调发展。

第七章　研究结论和政策建议

第一节　主要结论

一、构建了北京农业农民田间学校新型模式

在都市型现代农业发展的背景下，笔者在实践中总结提出了农民田间学校相关理论，深化了对农民田间学校的认识。构建了北京农民田间学校新型模式，"北京模式"深化了对农民田间学校基本原则、理念的认识，并且对其基本特征、要素构成、发展设计、发展特点、制度设计与运行机制等进行了深入的研究和界定，"北京模式"在宏观上突出政府主导，在村级微观上突出农民参与主导，以及多方技术力量参与共建的特点。"北京模式"开创了我国甚至世界都市农业农民田间学校开办的先例，并为全国相似条件下推广应用提供了创建经验模式，为目前我国在基层推广体系改革中推广农民田间学校模式提供了借鉴经验。

二、农民田间学校培训活动显著提高了农户的生产知识与技能

研究结果表明，农民田间学校的各项活动显著地提高了农户的基本生产知识与技能，农民田间学校学员培训后和培训前相比，其知识和技能水平平均提高了41.3%；与对照村农户相比，在控制其他因素影响的条件下，农民田间学校村学员户的生产管理知识与技能水平提高了21.2%，达到了显著水平。这表明农民田间学校参与式培训模式是提高农民综合素质的重要方式，是新形势下对农民再教育的重要途径。

农民知识和技能水平的提高有效增加了农户设施番茄产量，但对农药投入没有显著影响，这表明农民田间学校的效果是通过提升农民的知识与技能使生产管理水平提高而获得的，今后，在农民田间学校建设中应该继续加强对农民综合知识和技能的培养。本研究也发现，农民田间学校学员能力的提高不仅可能来源于政府相关部门对农民田间学校学员的培训活动，而且也可能来源于农民田间学校搭建的平台促进了学员日常活动间的相互交流。从这一意义上讲，作为一个有效提高农民基本生产知识与技能的机制，农民田间学校发挥了重要作用。为此，将农民组织起来，通过加强其相互间的交流，可以有效提高农民

的生产知识和技能，从而有利于提高其农业生产水平和生产率。

三、农民田间学校显著增加了北京市农民的设施番茄产量与净收入，取得了较高的经济与社会效益

研究表明，在控制其他因素的条件下，与对照村农户相比，农民田间学校村学员户的设施番茄产量要高出 8 649 千克/公顷（高出 15.9%），净收入要高出 11 801 元/公顷（高出 24.2%）。如此高的回报率表明北京市政府对农民田间学校各项培训的投入取得了良好的效果。调查发现，农民田间学校村学员户比对照村农户设施番茄产量高的原因在于其管理更加精细，管理技术更加到位。而收入的增加则是由于其产品质量提高后所带来的价格增高所引起。不仅如此，农民田间学校还能有效减少劳动力的投入，但是其资金投入也相应增加。以前的研究表明，当农民田间学校学员的家庭年收入增加 2 000 元以上时，才能吸引农民参加，北京农民田间学校的实践表明，通过农民田间学校活动，农民种植设施番茄户年净收入增加 3 540.3 元 [11 801（元/公顷）×0.15（公顷/季）×2（季/年）]，同时，由于每户家庭平均每季种蔬菜设施 0.21 公顷，超过了 0.15 公顷，因此，农户在田间学校学到的知识应用到整个生产中增加的净经济收益远远超过 3 540.3 元，如此高的经济收益对农民学员具有极大的吸引力，这也是北京农民田间学校得以持续开办的主要原因。

四、农民田间学校显著提高了农户设施番茄生产的劳动回报率，但未能显著改善其资金回报率

农民田间学校显著提高了农户设施番茄生产的劳动回报率，但未能显著改善其资金回报率。这可能是由于农民田间学校村学员户所接受的技术中，有关提高资金投入效率的技术稍显缺乏。也可能是由于这些学员户在生产中采用了以资金替代劳动的技术，或者是农民把更多的资金投入在了能改善农产品品质的化学替代投入品，以及提高农民的综合素质方面，这些效果并没有直接在农民的经济效益上得到明显体现，具体的原因有待于进一步的深入研究。应加强对目前农民田间学校村学员户采用的技术规范的研究，探索在进一步提高其劳动回报率的同时，提高其资金回报率的可能性，并在未来农民田间学校的各项培训活动中，加强这一方面的培训。

五、农民田间学校村学员户设施番茄生产中农药、化肥和灌溉投入并不低于非田间学校村农户

在控制其他因素的条件下，农民田间学校村学员户在设施番茄生产的农药施用量、化肥施用量和灌溉次数与对照的非田间学校村农户相比，并无显著差

异，但农民田间学校村学员户获得了较高的经济和社会效益，这可能是由于农民田间学校学员在投入的构成上更加科学，如农药使用得更加具有针对性或者更多地采用了有益于提高农产品品质的生物农药等防治措施。同时，也表明设施番茄农民田间学校在减少农民学员户农药、化肥和灌溉次数上仍有较长的路要走，需要政府相关技术部门做出更多的努力，使农户采用更多的提高农药、化肥和灌溉投入效率的技术。

六、农民田间学校培训的技术信息得到扩散，但新技术信息未能使农民在显著增产的同时显著增收

研究表明，在控制其他因素的条件下，农民田间学校村非学员和未设田间学校村的对照村农户相比，知识技能水平提高了 7.6%～7.9%，表明农民田间学校培训的技术信息得到有效扩散。在控制其他因素的条件下，虽然与农民田间学校村学员户相比，农民田间学校村非学员户（对照农户Ⅰ）的番茄产量要低 4%，但其比未设田间学校村的对照村农户（对照农户Ⅱ）相比则要高11.9%，表明农民田间学校知识和技能的扩散使农民设施番茄的产量得到了显著增加。然而，若从净收入相比，农民田间学校村非学员户与对照村农户（对照农户Ⅰ与对照农户Ⅱ）则无显著差异。调查发现，农民田间学校的培训活动不仅涉及田间管理技术，而且涉及相关产品质量、组织化程度和市场营销方面的技术。非学员户虽然设施番茄的管理知识和技术得到了提高，但多数非学员户的产品质量较差，或者销售渠道、销售策略不佳，产品价格低于学员户，这表明农民田间学校的技术扩散效果虽然提高了农户的设施番茄产量，但由于未能使其完全掌握相关的综合知识与技术，导致其增产不增收的结果。

七、农民田间学校显著提高了农民的环境保护意识，但仍任重道远

计量经济分析结果表明，在控制其他因素的条件下，农民田间学校村学员户采用节水灌溉方式的比例比对照村农户高 14.7%，采用环境友好型施肥方式的比例比对照村农户高 8.3%。表明农民田间学校培训显著提高了农民的环境保护意识。然而需要指出的是，调查发现，即使是农民田间学校学员，采用节水灌溉方式的农户的比例和采用环境友好型施肥方式农户的比例分别才为26.0%和26.5%，这不仅表明农民采用环境友好型技术的比例仍有巨大的潜力，更说明在培训农民保护环境的道路上，仍有很长的路要走，政府应就这些技术开展研究，在不增加农民劳动和资金投入的同时，使更多的农民采用这些技术。

第二节　问题与讨论

农民田间学校在短短几年时间里就覆盖了京郊近 1/5 的村，取得了良好的经济、社会和生态效益，得到了各级政府的高度重视，深受广大农民和农业技术人员的欢迎和拥护，成为京郊农民培训和农业技术推广领域不可或缺的新形式、新理念、新方法。然而，站在新的发展起点，重新审视广大辅导员和管理人员对农民田间学校内涵的理解和应用，还是存在不少误解和偏差。效果的评估仅仅局限于种植行业的随机取样，田间学校的主要影响评估，并不能反映田间学校所有方面的成效，如农民组织创建、农产品品牌建立，以及社区和谐发展等社会和政治影响。

一、管理体制和相关政策支持仍待加强

在农民田间学校项目管理上，由于财政资金实行转移支付，市级主管部门抓工作，但建设资金由区（县）农业主管单位具体支配，田间学校资金落实到位还存在困难。事权和财权分离造成管理上不顺，在很大程度上影响到田间学校的开办效果。尽管北京在辅导员职称评聘政策上迈出了第一步，但由于北京市从事辅导员工作的技术人员数量有限，难以成为一个职称评定系列，而且推广研究员的评定由农业部制定政策，这对引导辅导员深入基层开展农民田间学校工作仍然是制度上的障碍，全国也存在的普遍现象是从事科普和技术推广工作的人员没有专门的职称评定系列，这种从中央政策上引导的缺失是造成广大农业技术推广人员不愿真正到基层开展服务的主要原因，因为职称评定和待遇荣誉的科研导向使得更多的技术人员更愿意从事实验，在办公室写文章。

二、农民田间学校运行机制仍然需要探索

各行业从植保系统的 IPM 农民田间学校引进后，由于不同的行业存在不同的特点，在因地制宜形成办校模式和操作规范的过程中，部分部门的管理者或操笔者并不是结合行业特点对办校模式和培训工具进行创新和改进，而仅仅是把不适应的地方进行了摒弃。同时，不同部门由于对田间学校认识和理解上的差异，导致对发展质量的控制上差异较大，对参与式的理解和应用存在偏颇，特别是管理者或者辅导员对农民田间学校的内涵理解不深、不透，导致在管理或者应用过程中过分注重形式，不注重实效，造成了农民的反感，这也是部分行业农民田间学校不能持续开办的主要原因。辅导员对参与式工具的使用还存在着一定局限性，主要表现为方法和工具与技术脱节，经常出现就培训方

法说方法、就培训工具论工具的现象，这种现象源于辅导员培训环节的激进式培养。各行业创新发展仍然稍显欠缺。由植保行业推广至各行业后，在基本内涵和特点的基础上，各行业基本延承了植保行业田间学校的模式，也进行了一些适应性调整，但创新发展力度还不够，尤其是对行业关键技术的适用方法与工具的研究还比较少，例如生态系统分析作为田间学校的核心方法，如何在批判中进行改进发展还需要不断创新，而不能一味排斥，因为排斥可能会失去田间学校的本质。

三、农民田间学校影响评估是不断发展的过程

农民田间学校的发展已经使得推广跳出技术论技术的圈子，从农作制中人的需求、农田生态系统整体考虑，这使得其效果表现在多个方面。本次采用计量经济学的方法对农民田间学校在对农民生产管理知识和技能的影响、对农民生产投入和产出的影响、对农民生态环境意识的影响进行了试验、分析研究，但这些并不是农民田间学校效果的全部，而且本次研究也存在一些不足，如在农药投入上，并没有对使用农药的毒性和生物防治技术采用进行分类调查分析，而且没有严格按照有效成分统计用量，个别样本可能对结果造成一定偏差。农民田间学校影响并不能全部通过计量经济学的方法获得，而且部分效果还需要当地的条件和时间延续才能表现，如农民综合能力发展、农民合作组织建立、农产品品牌创建、干群关系、社区和谐发展等还需要研究采用更为科学合理的方法。但是，本研究的着眼点重点是在研究农民田间发展理论和设计的基础上，评价农民田间学校经济效益和生态效益，为进一步发展提供数据支持，从这个角度上说已经达到本研究的目的。

第三节　政策建议

一、不断发展丰富农民田间学校内涵，服务都市农业发展

农民田间学校相关理论、基本原则和理念是在发展实践过程中不断完善丰富的，随着都市农业功能逐渐拓展，京郊观光休闲农业、观光采摘、生态农业、加工农业和体验农业步伐不断加快，对农民不断提出新的要求，农民田间学校的培训内容也需要不断拓展，将由最先的以农业技术推广服务和农民素质教育为主转向以农业环境美化、观光园区设计、生态保护、产品品牌创建、农产品加工、社区发展民俗旅游等方面。培训的手段和方法也将随着农民素质的提升而逐步改变，农民的参与和互动将由传统的以面对面为主，逐步向信息化手段过渡。

二、继续扩大农民田间学校建设，加大对农民田间学校的培训投入

农民田间学校培训活动通过提高农民的生产知识与技能，有效提高了农民的设施番茄单位面积产量和净收入。所增加的收入相对于北京市政府投入到农民田间学校的各项培训经费而言，无疑具有较高的回报率。因此，继续扩大农民田间学校的规模，加强对农民田间学校的培训投入，不仅对促进北京市郊区农村的经济发展、提高农民的收入具有重要的现实意义，而且对提高农民的生产知识与技能也具有重要的现实意义。同时，它对于全国其他地区也具有重要的借鉴意义。

三、进一步完善和规范农民田间学校的培训活动，使农民在实现增产增收的同时，实现生产与环境的协调发展

虽然农民田间学校培训活动有效提高了农民的产量和收入，但本研究也发现，即使得到充分培训的农民田间学校学员，平均仅有约1/4的农民采用环境友好型灌溉与施肥技术。目前环境友好型技术采用率较低的一个重要原因在于该类型技术的投入要远高于传统技术，而在不增加投入的条件下，环境友好型技术的采用则不多。为此，建议政府加强环境友好型技术的研究投入，在为农民提供能显著增产增收和环境友好型技术的同时，进一步完善和规范农民田间学校的培训活动，使农民在接受良好技术培训的基础上，在其生产活动中自觉采用这些技术，实现生产与环境的协调发展。

四、深化农业技术推广体系改革，使农业技术人员真正从事推广活动

当前，由于在绩效考评和职称晋升的评价机制上难以实现突破，农业技术推广人员的考核把论文产出和科技成果作为主要考核指标，这使得推广单位和研究单位一样，工作导向以研究为主，很少有技术人员真正愿意到农村从事农民培训等农业技术推广工作。由于缺乏科学的评价机制，造成教学、科研、推广的科技创新与成果转化体系在推广层面缺失，产生推广最后"一公里"问题。因此，亟须进一步深化农业技术推广体系改革，建立和完善农业技术推广人员的评价考核机制。农业技术推广基层农业技术人员组织开办农民田间学校是他们"论文写在大地上，成果奉献千万家"的具体体现，从事农民田间学校等形式的技术培训推广工作应作为他们绩效考核和职称晋升的重要依据，而不应单纯把论文和科技成果产出作为唯一的评价指标。

参 考 文 献

蔡元呈，杨森山，詹学锋，等，1998. 开办农民田间学校提高综防技能 [J]. 福建农业
　（4）：23.

曹建民，胡瑞法，黄季焜，2005. 技术推广与农民对新技术的修正采用：农民参与技术培
　训和新技术采用意愿及其影响因素分析 [J]. 中国软科学（6）：60 - 66.

陈阜，2000. 农作制及其发展趋势展望 [M]. 南昌：江西科学技术出版社.

陈阜，任天志，2010. 中国农作制发展优先序研究 [M]. 北京：中国农业出版社.

陈瑞剑，2009. 农户知识、种子市场和政府管理政策对转基因抗虫棉经济效益的影响研究
　[D]. 北京：中科院地理所.

格林 W H，1998. 经济计量分析 [M]. 王明舰，王永宏，等，译. 北京：中国社会科学出
　版社.

管荣，2008. 论农民田间学校可持续发展 [J]. 中国植保导刊（7）：42 - 43.

果雅静，吴华杰，马铃，等，2007. 都市型现代农业的发展模式研究 [J]. 生态经济（11）：
　131 - 135.

胡瑞法，黄季焜，袁飞，1994. 技术扩散的内在动因 [J]. 农业技术经济（4）：37 - 41.

胡瑞法，杨志坚，李立秋，2007，等. 关于推进农业技术推广部门改革的建议 [J]. 中国
　科学院专报信息（27）：1 - 6.

黄季焜，胡瑞法，宋军，等，1999. 农业技术从产生到采用：政府，科研人员，技术推广
　人员与农民的行为比较 [J]. 科学对社会的影响（1）：55 - 60.

李任民，杨同润，朱明华，等，1995. 水稻有害生物综合治理技术转化的新途径 [J]. 江西
　植保（1）：26 - 28.

李亚红，桂富荣，吕建平，等，2008. 农民田间学校的实践与农民教育的思考 [J]. 中国植
　保导刊（10）：42 - 44.

李子奈，叶阿忠，2000. 高等计量经济学 [M]. 北京：清华大学出版社.

梁帝允，李玉川，姜瑞中，1995. 农民田间学校是培训农民掌握植保技术的好形式 [J]. 植
　保技术与推广（3）：35 - 37.

罗林明，尹勇，罗怀海，1996. 水稻 IPM 农民田间学校的探讨 [J]. 西南农业大学学报
　（12）：596 - 598.

平狄克 R S，鲁宾费尔德 D L，1999. 计量经济模型与经济预测 [M]. 钱小军，等，译. 北
　京：机械工业出版社.

盛承发，王红托，高留德，等，2003. 我国农民田间学校的现状、问题及对策 [J]. 植物保
　护（4）：8 - 11.

孙振玉，2000. 让科学技术进入农村千家万户——建立新的农业技术推广创新体系 [J]. 农
　业经济问题（4）：17 - 25.

王德海，魏荣贵，吴建繁，2010. 农民培训需求调研指南 [M]. 北京：中国农业大学出版社.

王厚振，1997. 农民田间学校是普及农业技术的好方法 [J]. 中国农学通报 (5)：66 - 67.

王明勇，包文新，2005. 农民田间学校的培训发展与创新 [J]. 中国植保导刊 (11)：39 - 40.

王山，2005. 农民田间学校模式的特点和创新 [J]. 中国农技推广 (10)：8 - 11.

王亚洲，1997. 农民田间学校在害物综合治理中的作用 [J]. 黑龙江农业科学 (9)：45 - 46.

吴建繁，肖长坤，石尚柏，2010. 农民田间学校建设指南 [M]. 北京：中国农业大学出版社.

伍德里奇 J M，2003. 计量经济学导论现代观点 [M]. 费建平，林相森，译. 北京：中国人民大学出版社.

夏敬源，杨普云，朱恩林，2004. 农业技术推广模式的重大创新——农民田间学校 [J]. 中国植保导刊 (12)：5 - 6.

肖长坤，郑建秋，2008. 北京农民田间学校实践与发展 [M]. 北京：中国农业出版社.

肖长坤，郑建秋，王大山，2007. 北京农民田间学校建设与创新 [J]. 植保导刊 (10)：45 - 46.

杨普云，2008. 农民田间学校概论——参与式农民培训方法与管理 [M]. 北京：中国农业出版社.

杨森山，陈冬木，彭建立，等，1998. 开办"田间学校"让农民掌握有害生物综合治理技能的实践报告 [J]. 华东昆虫学报 (1)：116 - 119.

张明明，石尚柏，王德海，2008. 农民田间学校的起源及在中国的发展 [J]. 中国农业大学学报（社会科学版）(3)：129 - 135.

张求东，2006. 农民田间学校的实施效果及推广方法评价 [D]. 广州：华中农业大学.

张宜绪，1997. 一种全新的农民培训方式 [J]. 福建农业 (4)：14.

赵根武，2010. 推进北京都市型现代农业发展的若干思考 [J]. 北京农业 (3)：1 - 6.

赵家华，曾朝华，夏敏，2005. 农业技术推广的重大变革——农民田间学校 [J]. 四川农业科技 (9)：11.

郑建秋，曹坳程，卢志军，等，2010. 北京设施蔬菜病虫害防治需求调研报告 [J]. 北京农业年增刊：18 - 25.

朱兆良，2003. 合理使用化肥充分利用有机肥发展环境友好施肥体系 [J]. 中国科学院院刊 (2)：89 - 93.

Atkinson D，Litterick A M，Walker K C，et al，2004. Crop protection——what will shape the future picture? [J]. Pest Management Science，60(2)：105 - 112.

Badenes - Perez F R，Shelton A M，2006. Pest management and other agricultural practices among farmers growing cruciferous vegetables in the Central and Western highlands of Kenya and the Western Himalayas of India [J]. International Journal of Pest Management，52 (4)：303 - 315.

Bentley J W，1989. What farmers don't know can't help them：The strengths and weaknesses of indigenous technical knowledge in Honduras [J]. Agriculture and Human Values，6(3)：25 - 31.

Braun A R, Thiele G, Fernández M, 2000. Farmer field schools and local agricultural research committees: complementary platforms for integrated decision - making in sustainable agriculture [M]. London: ODI.

Ehler L E, 2006. Integrated pest management (IPM): efinition, historical development and implementation, and the other IPM [J]. Pest Management Science, 62(9): 787 - 789.

Feder G, Murgai R, Quizon J B, 2004. Sending farmers back to school: The impact of farmer field schools in Indonesia [J]. Applied Economic Perspectives and Policy, 26(1): 45 - 62.

Feder G, Murgai R, Quizon J B, 2004. The acquisition and diffusion of knowledge: The case of pest management training in farmer field schools, Indonesia [J]. Journal of Agricultural Economics, 55(2): 221 - 243.

Feder G, Willett A, Zijp W, 2001. Agricultural extension: Generic challenges and the ingredients for solutions [J]. Knowledge Generation and Technical Change: 313 - 353.

Fliert E, Matteson P C, 1990. Rice integrated pest control training needs identified through a farmer survey in Sri Lanka [J]. Journal of Plant Protection in the Tropics, 7(1): 15 - 26.

Godtland E M, Sadoulet E, Janvry A, 2004. The impact of farmer field schools on knowledge and productivity: A study of potato farmers in the Peruvian Andes [J]. Economic Development and Cultural Change, 53(1): 63 - 92.

Godtland E M, Sadoulet E, Janvry A, et al, 2004. The impact of farmer field schools on knowledge and productivity: A study of potato farmers in the Peruvian Andes [J]. Economic development and cultural change, 53(1): 63 - 92.

Greene W H, 2003. Econometric analysis. [M]. India: Pearson Education.

Hanson J C, Just R E, 2001. The potential for transition to paid extension: some guiding economic principles [J]. American Journal of Agricultural Economics, 83(3): 777 - 784.

Heong K L, Escalada M M, 1999. Quantifying rice farmers' pest management decisions: beliefs and subjective norms in stem borer control [J]. Crop Protection, 18(5): 315 - 322.

Huang J, Rozelle S, 1996. Technological Change. The Re - Discovery of Engine of Productivity Growth in China's Rural Economy [J]. Journal of Development Economics: 49.

John P, Russell D, Andrew B, 2002. From farmer field schools to community IPM, Ten Years of IPM Training in Asia, FAO Community IPM Programme in Asia [J]. FAO RAP, Bangkok, 10200.

Kenmore P E, 1991. Indonesia's integrated pest management: A model for Asia [M]. FAO Inter - Country Programme for Integrated Pest Control in South and Southeast Asia.

Kenmore P, 1997. A perspective on IPM [J]. LEISA - LEUSDEN, 13: 8 - 9.

Larsen E W, Haider M L, Roy M, et al, 2002. Impact, sustainability and lateral spread of integrated pest management in rice in Bangladesh [J]. Document SPPS, 73.

Lewis W J, Van Lenteren J C, Phatak S C, et al, 1997. A total system approach to sustainable pest management [J]. Proceedings of the National Academy of Sciences, 94(23): 12243 - 12248.

Mangan J, Mangan M S, 1998. A comparison of two IPM training strategies in China: the importance of concepts of the rice ecosystem for sustainable insect pest management [J]. Agriculture and Human Values, 15(3): 209 - 221.

Monitoring and Evaluation Team, 1993. The impact of IPM training on farmer behavior: A summary of results from the second field school cycle [R]. IPM National Program, Indonesia.

Morse S, Buhler W, 1997. IPM in developing countries: the danger of an ideal [J]. Integrated Pest Management Reviews, 2(4): 175 - 185.

National Agro - technical Extension and Service Center, 2003. Report on impact assessment of China/EU/FAO Cotton IPM Program in Shandong Province, P. R. China [R]. Unpublished Report, Ministry of Agriculture, Beijing.

Nelson R, Orrego R, Ortiz O, et al, 2001. Working with resource - poor farmers to manage plant diseases [J]. Plant Disease, 85(7): 684 - 695.

Norton G W, Rajotte E G, Gapud V, 1999. Participatory research in integrated pest management: Lessons from the IPM CRSP [J]. Agriculture and Human Values, 16(4): 431 - 439.

Nyankanga R O, Wien H C, Olanya O M, et al, 2004. Farmers' cultural practices and management of potato late blight in Kenya highlands: implications for development of integrated disease management [J]. International Journal of Pest Management, 50(2): 135 - 144.

Ooi P A C, Praneetvatakul S, Waibel H, et al, 2005. The impact of the FAO - EU IPM programme for cotton in Asia [J]. Pesticide Policy Project, Universität Hannover, Germany, Special Issue, Publication Series, 9: 139.

Picciotto R, Anderson J R, 1997. Reconsidering agricultural extension [J]. The World Bank Research Observer, 12(2): 249 - 259.

Pontius J C, 2003. Picturing impact: participatory evaluation of community IPM in three West Java villages [J]. Farmer Field Schools: Emerging Issues and Challenges: 227 - 260.

Pontius J, Dilts R, Bartlett A, 2002. From farmer field school to community IPM: Ten years of IPM training in Asia [M]. FAO Community IPM Programme, Food and Agriculture Organization of the United Nations, Regional Office for Asia and the Pacific.

Quizon J, Feder G, Murgai R, 2001. Fiscal sustainability of agricultural extension: The case of the farmer field school approach [J]. Journal of International Agricultural and Extension Education, 8(1): 13 - 24.

Robinson E J Z, Das S R, Chancellor T B C, 2007. Motivations behind farmers' pesticide use in Bangladesh rice farming [J]. Agriculture and Human Values, 24(3): 323.

Röling N, Van De Fliert E, 1994. Transforming extension for sustainable agriculture: the case of integrated pest management in rice in Indonesia [J]. Agriculture and Human Values，11(2-3)：96-108.

Simpson B M，Owens M，2002. Farmer field schools and the future of agricultural extension in Africa [J]. Journal of International Agricultural and Extension Education，9(2)：29-36.

Thiele G，Nelson R，Ortiz O，et al，2001. Participatory research and training：ten lessons from the Farmer Field Schools (FFS)in the Andes [J]. Currents，27：4-11.

Thiers P，2005. Using global organic markets to pay for ecologically based agricultural development in China [J]. Agriculture and Human Values，22(1)：3-15.

Thomas M B，1999. Ecological approaches and the development of "truly integrated" pest management [J]. Proceedings of the National Academy of Sciences，96(11)：5944-5951.

Torrez R，Tenorio J，Valencia C，et al，1997. Implementing IPM for late blight in the Andes [J]. Impact on a Changing World. Program Report，98：91-99.

Tripp R，Wijeratne M，Piyadasa V H，2005. What should we expect from farmer field schools? A Sri Lanka case study [J]. World Development，33(10)：1705-1720.

Van den Berg H，Jiggins J，2007. Investing in farmers——the impacts of farmer field schools in relation to integrated pest management [J]. World Development，35(4)：663-686.

Van den Berg H，Knols B G J，2006. The Farmer Field School：a method for enhancing the role of rural communities in malaria control? [J]. Malaria Journal，5(1)：3.

Wernon W R，1999. The translation to agricultural sustainability [J]. Proceeding of the National Academy of Sciences. USA，96：5960-5967.

Wyckhuys K A G，O'Neil R J，2007. Local agro-ecological knowledge and its relationship to farmers' pest management decision making in rural Honduras [J]. Agriculture and Human Values，24(3)：307-321.

Yang P，Iles M，Yan S，et al，2005. Farmers' knowledge，perceptions and practices in transgenic Bt cotton in small producer systems in Northern China [J]. Crop Protection，24(3)：229-239.

Yang P，Liu W，Shan X，et al，2008. Effects of training on acquisition of pest management knowledge and skills by small vegetable farmers [J]. Crop Protection，27(12)：1504-1510.

Yech P，2003. Farmer Life Schools-Learning with Farmer Field School [J]. Low External Input and Sustainable Agriculture (11)：19.

附　录

农民田间学校技术采用情况调查问卷

问卷编码：	1	＿＿＿＿＿＿＿＿＿＿＿＿
县：	2	＿＿＿＿＿＿＿＿＿＿＿＿
乡：	3	＿＿＿＿＿＿＿＿＿＿＿＿
村：	4	＿＿＿＿＿＿＿＿＿＿＿＿
田间学校名称：	5	＿＿＿＿＿＿＿＿＿＿＿＿
田间学校成立时间：	6	＿＿＿＿＿＿＿＿＿＿＿＿
被访谈人姓名：	7	＿＿＿＿＿＿＿＿＿＿＿＿
固定电话：	8	＿＿＿＿＿＿＿＿＿＿＿＿
（必问）手机号码：	9	＿＿＿＿＿＿＿＿＿＿＿＿
加入田间学校时间：	10	＿＿＿＿＿＿＿＿＿＿＿＿
参加农民合作组织名称：	11	＿＿＿＿＿＿＿＿＿＿＿＿
农民合作组织成立时间：	12	＿＿＿＿＿＿＿＿＿＿＿＿
加入该组织时间：	13	＿＿＿＿＿＿＿＿＿＿＿＿
调查员：	14	＿＿＿＿＿＿＿＿＿＿＿＿
调查日期：	15	＿＿＿＿＿＿＿＿＿＿＿＿
手机号码：	16	＿＿＿＿＿＿＿＿＿＿＿＿
核查表人：	17	＿＿＿＿＿＿＿＿＿＿＿＿

A. 家庭成员基本情况

此处所填写家庭成员指如下定义: 1. 户主及其配偶; 2. 未出嫁的子女 (包括学生、军人、在外工作的人等); 3. 如果子女已分家 (出嫁), 但仍然住住在一起, 农活一起帮忙干, 也是家庭成员; 4. 其他亲戚或非亲戚但在家住超过3个月的人, 如保姆、孙子或孙女。

A1. 你家里有几口人?

家庭成员编号 代码一	与户主关系 代码一	性别 1=男,0=女	出生年份	受教育年限 (若未受过教育,即填0) 年	在村委会担任职务情况 1=无职务;2=村支书/村长;3=村支委/村委委员;4=小组长;5=其他(注明)	务农情况 去年9月至今年8月务农情况: 1=全部时间务农;2=部分时间务农;3=不务农;4=其他	务农时间占多少? %	如果≥2,是做什么行业的? 代码二	在什么地方? 1=本乡;2=本县其他乡;3=本省其他县;4=外省;5=其他	去年10月至今年6月,在哪些月份中做过非农工作? 在工作过的月份画 "×" (非种植和非养殖)											
										9	10	11	12	1	2	3	4	5	6	7	8
pid	A2	A3	A4	A5		A6	A7	A8	A9	A11	A12	A13	A14	A15	A16	A17	A18	A19	A20	A21	A22
1																					
2																					
3																					
4																					
5																					

代码一: 1=本人; 2=配偶; 3=儿子/女儿; 4=孙子/孙女; 5=父母; 6=兄弟/姐妹; 7=女婿/儿媳; 8=姐夫/嫂子; 9=岳父母/公婆; 10=其他亲属; 11=无亲戚关系。

代码二: 1=企业; 2=事业单位; 3=机关; 4=手艺人; 5=工程建筑; 6=交通运输; 7=餐饮; 8=批发或零售贸易; 9=矿产或采掘业; 10=其他(注明)。

A2. 交通情况

A23. 你们家离乡镇政府有多远（千米）	A24. 你们家离最近的化肥销售点有多远（千米）	A25. 你们家离最近的柏油路/水泥路有多远？（千米）

B. 家庭成员参加各种农业技术培训情况

家庭成员编号	该成员是否参加过番茄农民田间学校技术培训			
	过去一年参加培训种类（代码）	过去一年参加培训次数	前五年参加培训种类（代码）	前五年参加培训次数
pid	B1	B2	B3	B4
1				
2				
3				

（续）

家庭成员编号	该成员是否参加过番茄农民田间学校技术培训			
	过去一年参加培训种类（代码）	过去一年参加培训次数	前五年参加培训种类（代码）	前五年参加培训次数
4				
5				
6				

　培训代码：1＝设施番茄 FFS 培训；2＝其他作物 FFS 培训；3＝科技入户技术培训；4＝试验示范现场观摩；5＝专家授课技术培训；6＝专家现场指导；7＝新型农民技术培训；8＝农村实用人才技术培训；9＝农村远程教育培训；10＝网络教室培训；11＝科技赶集培训；12＝科普宣传培训。

C. 去年 9 月至今年 8 月年实际耕地经营情况（亩）

总面积	其中露地面积	设施种植面积
C1	C2	C3

D. 设施种植情况

问题		2009年	2008年	2007年	2006年	2005年	2004年	2003年	2002年	2001年	2000年	1999年	1998年	1997年	1996年
租用土地费用（元）	D1														
设施租用费用（元）	D2														
你家有几个暖棚	D3														
暖棚面积（亩）	D4														
建造花了多少钱	D5														
政府补贴多少钱	D6														
用了多少工（工）	D7														
你家有几个拱棚	D8														
拱棚面积（亩）	D9														

E. 受访农户基本情况

内容	学院类型 1＝FFS村学员户；2＝FFS村非学员户；3＝非FFS村农户	你是否本村村口？1＝是；2＝否	如果不是，家是哪里？1＝本乡外村；2＝本县外乡；3＝本市外县	如果不是，你家有几个人住在本村（请填写家庭成员编码）
编号	E30	E31	E32	E33
内容	你租用的地几年了？共租用了几年？	你租用的设施几年了？共租用了几年？	当时你知道不知道你村要成立农民田间学校？1＝知道；2＝不知道	如果知道，你报名了吗？1＝没有报名；2＝报名了没时间参加；3＝录取了没参加
编号	E34	E35	E36	E37

F. 当季和参加农民田间学校上一季种番茄的设施

F1. 参加农民田间学校前一年年份？　____　　F2. 上一季有几个设施？　____
F3. 上一季种蔬菜的设施数量是多少？　____　　F4. 上一季种番茄的设施数量是多少？　____
F5. 参加农民田间学校是哪一年？　____　　F6. 当季有几个设施？　____
F7. 当季种蔬菜的设施数量是多少？　____　　F8. 当季种番茄的设施数量是多少？　____

项目		面积 亩 F9	灌溉 方式 代码 F10	第一茬			第二茬			第三茬		
				作物1 代码 F11	作物2 代码 F12	作物3 代码 F13	作物1 代码 F14	作物2 代码 F15	作物3 代码 F16	作物1 代码 F17	作物2 代码 F18	作物3 代码 F19
当季	FC1											
	FC2											
	FC3											
	FC4											
	FC5											
参加农民田间学校上一季	FD1											
	FD2											
	FD3											
	FD4											
	FD5											

灌溉方式代码: 1=无灌溉；2=大水漫灌；3=滴灌；4=喷灌；5=其他。
粮食作物编码: 11=小麦；12=玉米；13=高粱；14=谷子；15=甘薯；16=其他谷物（注明）。
经济作物编码: 21=花生；22=油菜籽；23=芝麻；24=向日葵；25=棉花；26=红（黄）麻；27=苎麻；28=胡麻；29=桑叶；30=烟叶；31=甘蔗；32=甜菜；33=大豆；34=绿豆；35=红豆；36=其他（说明）。
果蔬编码: 51=番茄；52=黄瓜；53=大葱；54=小葱；55=大蒜；56=生姜；57=青菜；58=白菜；59=韭菜；60=莴苣；61=茄子；62=香瓜；63=苦瓜；64=芹菜；65=结球生菜；66=油麦菜（注明）；67=西葫芦；68=青椒；69=辣椒；70=其他蔬菜（说明）；71=西瓜；72=香瓜；73=丝瓜；74=樱桃；75=西兰花；76=土豆；77=豆角；78=冬瓜；79=芥菜；80=甘蓝；81=菜花；82=香菜；83=茴香；84=胡萝卜；85=萝卜；86=西兰花；87=生菜。
注：设施包括设施大棚或设施温室。

G. 设施管理情况

耕地		
机械费用	元	G1
耕地用工	小时	G2
播种		
品种名称		G3
品种类型（1＝樱桃品种；2＝非樱桃品种）		G3－1
品种面积（亩）	亩	G3－2
移栽时间	月　　日	G3－3
直播时间	月　　日	G3－4
种子费用（购买种苗不填）	元	G4
育苗时是否农药拌种（1＝是；2＝否）	代码	G5
育苗用工合计（购买种苗不填）	小时	G6
农药用量	毫升	G7
农药费用	元	G8
其他物质费用	元	G9
种苗费用（自己育苗不填）	元	G10
移栽用工	小时	G11
灌溉		
灌溉次数	次	G12
灌溉方式（1＝漫灌；2＝喷灌；3＝滴灌；4＝膜下暗灌；5＝其他_____）	代码	G13
用水总量	立方米	G14
总灌溉费用	元	G15
总用工	小时	G16
中耕除草		
自己用工	小时	G17
其他费用	元	G18

（续）

设施日常管理及维护		
用工	小时	G19
用电和燃料费用	元	G20
塑料棚膜几年更换一次？	年	G21
设施维护费用	小时	G22
其他物资费用	元	G23
收获		
收获用工	小时	G24
销售用工	小时	G25
总产量和总销售量		
总产量	千克/地块	G26
单产	千克/亩	G27
总销售量	千克	G28
总销售收入	元	G29

H. 施肥情况

项目	单位	变量	上一季	参加农民田间学校前一年
施肥次数	次	H1		
施肥方式（1＝单独施；2＝随水施；3＝灌水后晾干地施；4＝其他_____）	代码	H2		
施肥用工	小时	H3		
第一种肥料名称	代码	H5		
含纯氮（N）量	%	H6		
含纯磷（P_2O_5）量	%	H7		
含纯钾（K_2O）量	%	H8		
施用量	千克	H9		
费用	元	H10		

（续）

项目	单位	变量	上一季	参加农民田间学校前一年
第二种肥料名称	代码	H11		
含纯氮（N）量	%	H12		
含纯磷（P_2O_5）量	%	H13		
含纯钾（K_2O）量	%	H14		
施用量	千克	H15		
费用	元	H16		
第三种肥料名称	代码	H17		
含纯氮（N）量	%	H18		
含纯磷（P_2O_5）量	%	H19		
含纯钾（K_2O）量	%	H20		
施用量	千克	H21		
费用	元	H22		
第四种肥料名称	代码	H23		
含纯氮（N）量	%	H24		
含纯磷（P_2O_5）量	%	H25		
含纯钾（K_2O）量	%	H26		
施用量	千克	H27		
费用	元	H28		
第五种肥料名称	代码	H29		
含纯氮（N）量	%	H30		
含纯磷（P_2O_5）量	%	H31		
含纯钾（K_2O）量	%	H32		
施用量	千克	H33		
费用	元	H34		
第六种肥料名称	代码	H35		
含纯氮（N）量	%	H36		
含纯磷（P_2O_5）量	%	H37		
含纯钾（K_2O）量	%	H38		
施用量	千克	H39		
费用	元	H40		

肥料名称代码：1＝尿素；2＝碳酸氢铵；3＝硫酸铵；4＝过磷酸钙；5＝钙镁磷肥；6＝氯化钾；7＝硫酸钾；8＝磷酸二铵；9＝复合肥；10＝其他（请注明）＿＿＿＿＿。

有机肥代码：21＝鸡粪；22＝牛粪；23＝猪粪；24＝人类粪便；25＝商品有机肥；26＝土杂肥；27＝其他（请注明）＿＿＿＿＿。

I. 病虫害防治情况

项目	单位	防治对象 I			防治对象 II			防治对象 III			防治对象 IV		
		变量	上一季	参加农民田间学校前一年	变量	上一季	参加农民田间学校前一年	变量	上一季	参加农民田间学校前一年	变量	上一季	参加农民田间学校前一年
防治对象		I1											
打药次数	次	I2			I32			I62			I92		
打药用工	小时	I3			I33			I63			I93		
打药时间（1＝不确定时间；2＝下午4:00后；3＝其他___）	代码	I4			I34			I64			I94		
雇工费用	元	I5			I35			I65			I95		
第一种农药名称	代码	I6			I36			I66			I96		
施用量	毫升	I7			I37			I67			I97		
费用	元	I8			I38			I68			I98		
第二种农药名称	代码	I9			I39			I69			I99		
施用量	毫升	I10			I40			I70			I100		
费用	元	I11			I41			I71			I101		
第三种农药名称	代码	I12			I42			I72			I102		
施用量	毫升	I13			I43			I73			I103		
费用	元	I14			I44			I74			I104		
第四种农药名称	代码	I15			I45			I75			I105		
施用量	毫升	I16			I46			I76			I106		
费用	元	I17			I47			I77			I107		

(续)

项目	单位	变量	上一季	参加农民田间学校前一年	变量	上一季	参加农民田间学校前一年	变量	上一季	参加农民田间学校前一年	变量	上一季	参加农民田间学校前一年
第五种农药名称	代码	I18			I48			I78			I108		
施用量	毫升	I19			I49			I79			I109		
费用	元	I20			I50			I80			I110		
第六种农药名称	代码	I21			I51			I81			I111		
施用量	毫升	I22			I52			I82			I112		
费用	元	I23			I53			I83			I113		
第七种农药名称	代码	I24			I54			I84			I114		
施用量	毫升	I25			I55			I85			I115		
费用	元	I26			I56			I86			I116		
防治对象V					防治对象VI			防治对象VII			防治对象VIII		
打药次数	次	I121			I152			I82			I112		
打药用工	小时	I122			I153			I83			I113		
打药时间（1=不确定时间；2=下午4:00后；3=其他＿）	代码	I123			I154			I84			I114		
雇工费用	元	I124			I155			I85			I115		
第一种农药名称	代码	I125			I156			I86			I116		
施用量	毫升	I126			I157			I87			I117		
费用	元	I127			I158			I88			I118		

（续）

项目	单位	变量	上一季	参加农民田间学校前一年	变量	上一季	参加农民田间学校前一年	变量	上一季	参加农民田间学校前一年	变量	上一季	参加农民田间学校前一年
第二种农药名称	代码	I129			I159			I89			I119		
施用量	毫升	I130			I160			I90			I120		
费用	元	I131			I161			I91			I121		
第三种农药名称	代码	I132			I162			I92			I122		
施用量	毫升	I133			I163			I93			I123		
费用	元	I134			I164			I94			I124		
第四种农药名称	代码	I135			I165			I95			I125		
施用量	毫升	I136			I166			I96			I126		
费用	元	I137			I167			I97			I127		
第五种农药名称	代码	I138			I168			I98			I128		
施用量	毫升	I139			I169			I99			I129		
费用	元	I140			I170			I100			I130		
第六种农药名称	代码	I141			I171			I101			I131		
施用量	毫升	I142			I172			I102			I132		
费用	元	I143			I173			I103			I133		

防治对象代码：1=根结线虫病；2=早疫病；3=晚疫病；4=病毒病；5=灰霉病；6=叶霉病；7=青枯病；8=枯萎病；9=溃疡病；10=脐腐病；11=缺素症；12=生理性病害；13=蚜虫；14=白粉虱；15=潜叶蝇；16=棉铃虫；17=地老虎；18=螨虫；19=未知病害；20=未知虫害；21=不知道。

J. 生长调节剂和农药助剂的使用情况

项目	单位	变量	上一季	参加农民田间学校前一年	变量	上一季	参加农民田间学校前一年
施用除草剂					使用生长调节剂		
打药次数	次	J1			J27		
打药用工	小时	J2			J28		
第一种农药名称		J3			J29		
施用量	毫升	J4			J30		
费用	元	J5			J31		
第二种农药名称		J6			J32		
施用量	毫升	J7			J33		
费用	元	J8			J34		
第三种农药名称		J9			J35		
施用量	毫升	J10			J36		
费用	元	J11			J37		
第四种农药名称		J12			J38		
施用量	毫升	J13			J39		
费用	元	J14			J40		
第五种农药名称		J15			J41		
施用量	毫升	J16			J42		
费用	元	J17			J43		
第六种农药名称		J18			J44		
施用量	毫升	J19			J45		
费用	元	J20			J46		

（续）

项目	单位	变量	上一季	参加农民田间学校前一年
第七种农药名称		J21		
施用量	毫升	J22		
费用	元	J23		
第八种农药名称		J24		
施用量	毫升	J25		
费用	元	J26		

K. 农民番茄种植管理知识掌握情况

项目	变量	上一季	参加农民田间学校前一年
K1. 番茄生长适宜的空气相对湿度为多少？ 1=85%~90%；2=70%~80%；3=55%~65%；4=不知道			
K2. 番茄叶霉病是哪类病害？ 1=病毒病害；2=细菌性病害；3=真菌性病害；4=不知道	J47		
K3. 白粉虱怎样为害？ 1=吸取植物叶片汁液；2=吃果实；3=吃根部；4=不知道	J48		
K4. 七星瓢虫是 1=害虫；2=益虫；3=中性昆虫；4=不知道	J49		
K5. 番茄根结线虫的典型症状是 1=叶片发黄；2=果实腐烂；3=根部产生瘤状物；4=不知道	J50		
K6. 番茄生产中打药的适宜时间 1=上午10点以前；2=中午；3=任何时间都行；4=不知道			
K7. 传播番茄病毒病的害虫是 1=菜青虫；2=蚜虫（蜜虫）；3=棉铃虫；4=不知道	J51		
K8. 什么环境下番茄灰霉病容易发生？ 1=低温高湿；2=高温高湿；3=高温低湿；4=不知道	J52		
K9. 主要危害蛀食番茄果实害虫是 1=棉铃虫；2=菜青虫；3=斑潜蝇；4=不知道			
K10. 下列番茄生产上禁用的农药是哪一种？ 1=吡虫啉；2=甲胺磷；3=农用链霉素；4=不知道			

L. 农民番茄种植管理技术掌握情况

L.1. 蔬菜收获后，植株病残体应该	1=随意扔在地里；2=放在地头不管它；3=带出田外集中销毁；4=不知道
L.2. 番茄病虫害防治最先考虑的措施是	1=农业栽培管理措施；2=化学防治措施；3=生物防治措施；4=不知道
L.3. 化学防治番茄根结线虫主要通过	1=看到发生时及时灌根；2=种植前进行土壤消毒；3=发生时喷施农药；4=不知道
L.4. 有风时喷施农药应该	1=顺风；2=逆风；3=顺风逆风都行；4=不知道
L.5. 防治番茄病毒病主要通过	1=防治蚜虫；2=降低棚内湿度；3=喷施杀菌农药；4=不知道
L.6. 对番茄晚疫病防治效果好的农药是	1=扑海因；2=克露；3=农用链霉素；4=不知道
L.7. 白粉虱刚发生时应采用的防治措施是	1=喷施敌敌畏；2=悬挂相应数量的黄板；3=高温闷棚；4=不知道
L.8. 番茄早疫和晚疫病的主要区别是	1=病斑和病果是否有同心轮纹；2=是否为害果实；3=是否为害茎部；4=不知道
L.9. 防治番茄根结线虫最有效的药剂是	1=甲胺磷；2=福气多；3=克露；4=不知道
L.10. 为增强番茄叶霉病防治效果应该	1=加大喷雾量；2=增加用药量；3=降低湿度；4=不知道

M. 农民所有的房屋财产
M1. 你家有几处住宅？_____处。

住宅编号 M2	你家住宅类型 M3	有几层 M4	有几间 M5	住宅建筑材料 M6	你家是否与别人共用这所住宅 M7	你自己家占几间 M8	你现在居住的房子哪一年建的？（若分别为多年建造，答最后一年）M9	当时你建造或购买这所房子花了多少钱 M10	这所住宅现在值多少钱 M11
	1=楼房；2=平房	层	间	1=土房；2=木房；3=砖瓦房；4=混凝土；5=其他（说明）	1=是；0=否	间	年	无	无
第一处 1									
第二处 2									
第三处 3									

N. 农民所有的耐用消费品财产（以下财产仅限于生活消费使用，单价价值超过 500 元）

家具名称	有否 1=有；2=没有	如果有，数量是多少？	哪一年开始拥有 年	当时花了多少钱 元	若现在卖，值多少钱 元
N1	N2	N3	N4	N5	N6
1 彩色电视机					
2 照相机					
3 洗衣机					
4 电冰箱或冰柜					
5 汽车					
6 摩托车					
7 空调					
8 电脑					
9 手机					
10 煤气或液化气灶具					
11 其他1 _____					
12 其他2 _____					
13 其他3 _____					

注：1. 家具等除外。
2. 如果数量大于 1，N5 和 N6 登记总价值信息！N4 逐次填写年份，用 "，" 隔开。

O. 农民态度与习惯

O1. 你调配农药时，用什么量具？	1＝农药瓶盖；2＝估计着直接用瓶子倒；3＝量杯或其他带刻度量具；4＝其他
O2. 在防治番茄上一种不认识的害虫时，怎样决定用什么农药？	1＝带着虫子找农药销售商；2＝向农技员请教；3＝看邻居用什么就用什么；4＝自己凭经验决定；5＝用家里有的农药；6＝其他
O3. 你在施用农药时，农药用量如何决定？	1＝病虫害发生严重就多用些；2＝根据农药销售商建议；3＝根据农药说明书；4＝同邻居或朋友；5＝自己随意决定；6＝其他
O4. 病虫害严重发生时，农药用量多少？	1＝按照说明书推荐用量；2＝比说明书推荐用量多一点；3＝比推荐用量少一点；4＝说明书推荐用量加倍
O5. 当1个设施番茄发现10～20个棉铃虫时，你会怎么做？	1＝使用生物农药防治；2＝观察一段时间根据病虫发展再决定；3＝把有虫子的果实摘掉带出棚外；4＝应用化学农药迅速杀灭；5＝其他

图书在版编目（CIP）数据

参与式农业技术推广影响评估方法及应用／肖长坤，
胡瑞法，夏冰著．—北京：中国农业出版社，2018.5
ISBN 978 - 7 - 109 - 24055 - 1

Ⅰ.①参…　Ⅱ.①肖…②胡…③夏…　Ⅲ.①农业技术推广
-评估方法-研究　Ⅳ.①S3 - 33

中国版本图书馆 CIP 数据核字（2018）第 075393 号

中国农业出版社出版
（北京市朝阳区麦子店街 18 号楼）
（邮政编码 100125）
责任编辑　张洪光
文字编辑　徐志平
───────────────
北京中兴印刷有限公司印刷　新华书店北京发行所发行
2018 年 5 月第 1 版　2018 年 5 月北京第 1 次印刷
───────────────
开本：720mm×960mm　1/16　印张：8
字数：145 千字
定价：58.00 元
（凡本版图书出现印刷、装订错误，请向出版社发行部调换）